对　　流

周筠珺　曾　勇　赵鹏国　罗　雄　著

内容简介

几乎所有的天气和气候过程都与对流密切相关。本书基于天气与气候的基本原理，及国家对气象灾害防灾减灾的现实需求，重点对对流的典型形式、对流发展的热能、局地环流与混合边界层对于对流的影响、深对流的激发、边界层强迫机制对于对流激发的影响、局地高空强迫、山地的风廓线、冷池驱动对于对流的影响与夜间对流激发条件、人类活动对于对流的影响及极端天气事件与对流，及对流的监测进行阐述和分析。本书内容翔实、理论简明扼要、方法明确实用，可供高校及相关单位科研人员参考使用。

图书在版编目（CIP）数据
对流 / 周筠珺等著. -- 北京 : 气象出版社, 2024.
11. -- ISBN 978-7-5029-8357-4
Ⅰ. P425.8
中国国家版本馆 CIP 数据核字第 2024QC1832 号

DUILIU
对流

出版发行：气象出版社
地　　址：北京市海淀区中关村南大街 46 号　　邮政编码：100081
电　　话：010-68407112（总编室）　010-68408042（发行部）
网　　址：http://www.qxcbs.com　　E-mail：qxcbs@cma.gov.cn
责任编辑：郝　汉　张锐锐　　终　　审：张　斌
责任校对：张硕杰　　责任技编：赵相宁
封面设计：艺点设计
印　　刷：北京中石油彩色印刷有限责任公司
开　　本：710 mm×1000 mm　1/16　　印　　张：7
字　　数：150 千字
版　　次：2024 年 11 月第 1 版　　印　　次：2024 年 11 月第 1 次印刷
定　　价：50.00 元

前　言

对流是流体内部由于各部分温度不同而造成的相对流动，或因流体具有不同的密度、压力而引起的流动。常见的对流现象有大气对流、海洋对流等。这里将重点讨论大气对流（以下简称对流），它是大气中热量、水汽等输送的重要方式之一。

由于对流是水文和能量循环中通过热量、水分和动量垂直传输的关键过程，受到对流层的水汽与夹卷、大尺度动力强迫抬升、垂直风切变、微物理过程与气溶胶及冷池等的影响，因此，对流在很大程度上影响着全球能量平衡。这在对天气与气候的影响上则表现得尤为明显。

对流可通过产生的云系、降水与强过程影响天气，也可通过调节大气温度、水汽分布、各尺度的环流而影响气候。

本书内容主要包括：（1）对流的典型形式；（2）对流发展的热能；（3）局地环流与混合边界层对于对流的影响；（4）深对流的激发；（5）边界层强迫机制对于对流激发的影响；（6）局地高空强迫、山地的风廓线、冷池驱动对于对流的影响与夜间对流激发条件；（7）人类活动对于对流的影响及极端天气事件与对流；（8）对流的监测。

本书作者为周筠珺、曾勇、赵鹏国和罗雄，由于水平有限，加之时间仓促，书中若有不当，敬请读者指正。

本书是在第二次青藏高原综合科学考察研究项目（2019QZKK0104）、贵州省科技计划项目（黔科合支撑［2022］206，黔科合支撑［2023］193）、贵州省人工影响天气办公室项目（SRYB-20231120-064）、云南省科技计划项目（202203AC100006），以及南京信息工程大学气象灾害预报预警与评估协同创新中心的共同资助下完成的，在此一并表示感谢。

作者

2024 年 9 月

前言

目　录

第 1 章　对流的典型形式

对流是大气在垂直方向运动的基本形式，其不仅可以影响天气过程，而且可以通过相互作用与反馈机制影响气候系统，从而在降水形成与全球能量收支中发挥着至关重要的作用。对流可调整大尺度环流、热力结构，以及大气的热平衡。外在强迫导致的对流变化对于区域及全球大气都有明显的影响。

目前，对于对流激发的准确预报仍然是具有挑战性的工作，特别是在较大不稳定区域内，无明显大尺度强迫或边界层过程的强对流的预报更是如此。

对流有一些典型的形式，本章主要选取弱雹暴、深对流、热带云、中尺度对流系统（MCS），以及中尺度对流复合体（MCC），作为具有代表性的对流形式进行讨论。

1.1　弱雹暴

1.1.1　弱雹暴的基本特征

全球范围内，弱雹暴在所有雹暴中占有较大的比例，其形成一般与天气尺度的强迫和切变无关。在北美地区，当夏季急流向极地方向运动时，弱雹暴会增多，且为中纬度地区带来较多的降水。弱雹暴发展没有大尺度的天气强迫，主要有赖于中尺度的边界层或地形的加热条件，其中一些边界条件是有规律或可预测的。事实上，即使在静力天气的条件下，陆地表面、土壤湿度及地形等的差异，也会激发对流性天气的发生（Ford et al.，2015；Haberlie et al.，2015；Miller et al.，2015）。尽管学术界对于弱雹暴已有了一定的认识，但是对其预警预报仍然存在较大困难（Miller et al.，2017）。缺乏对弱雹暴发生发展气候条件的研究，这也阻碍了在无序对流（弱雹暴）的发生与全球气候系统之间建立更广泛的联系。

气候模拟表明，引起弱雹暴发生的气候条件出现的频率将会增加（Diffenbaugh et al.，2013）。而人类的城市化过程也将有利于弱雹暴的发生（Mote et al.，2007）。虽然弱雹暴产生的冰雹与风灾弱于超级单体和“弓形回波”雹暴，但是其产生的雷电活动可能更加危险（Ashley et al.，2009）。随着有利于弱雹暴形成的气候条件和有助于其启动的人类活动导致的下垫面变化的发展，研究弱雹暴则变得十分必要。

弱雹暴空间尺度小、持续时间短、局地热动力驱动特征明显。雹暴的形态通常是通过雷达观测获取的，而通过其形态可以更好地确定弱雹暴的特征。对于雷达观测的弱雹暴而言，组合反射率阈值为 40 dBZ。

对流层中低层较高的湿度将增加天气系统的水汽，从而减少因夹卷而产生的蒸发（Wissmeier et al.，2009）。此外，较好的水汽条件似乎比不稳定条件更有利于弱雹暴的发生。

由于雷达反射率与水成物粒子的尺度和数浓度成正比，较大的或更丰富的水成物粒子将有利于雹暴的组合反射率达到 40 dBZ。美国东南海岸尺度较大的弱雹暴的发生与陆面加热造成的“气块”不稳定或海风激发的对流密切相关；而在这一区域的北部，急流将有利于有组织强对流的发生，这些区域则很少有弱雹暴发生。“西南—东北”走向的地形更易在太阳升起时形成正交的入射角度，有利于地表的加热。

1.1.2　与弱雹暴相关的天气背景

弱雹暴的发生与反气旋气流的扩展及高压的侵入密切相关，特别是中层的反气旋气流尤为如此。除了天气的背景与弱雹暴的发生有着直接的联系外，水汽条件也会影响弱雹暴发生的频次与尺度，充足的水汽可使层结更加不稳定，且可引发持续时间更长及尺度更大的弱雹暴。水汽向地面以上扩展，较大的湿度将使对流不稳定能量增加，同时可以减弱夹卷所致的稳定效应。在对流层中低层，较高的湿度可增加系统的含水量，从而减少因夹卷而造成的水汽的蒸发；中层相对湿度对于弱雹暴系统有较为敏感的影响，较低的相对湿度将抑制其对流强度与生命期。

地形和陆面对于弱雹暴的影响相较大气过程而言处于次要的地位，但是当大尺度强迫相对较弱时，地形与陆面的作用则显得较为重要。如：陆面加热产生的不稳定气块、海风对于对流的激发等。

大气环流与水汽的配合也有利于弱雹暴的激发，特别是弱雹暴中的“脉冲”雹暴，其在无天气尺度强迫及相应切变的条件下形成，在各地的暖季（如北半球的 5—9 月）较为常见，“脉冲”雹暴要求中层有较高的水汽值，以维持其基本发展。

1.2　深对流

1.2.1　深对流的基本特征

深对流（DC）是重要的大气过程。深对流的特征和强度与云系中的垂直运动密切相关。深对流的上升气流将边界层中的水、能量、气溶胶及污染物传输至对流层中上部和平流层中，而其中的下沉气流将自由对流层或平流层低层的空气输送至近地面或对流层上层。深对流不仅可以引起高影响天气（深对流可发展为超级单体、飑线、热带气旋等中尺度对流系统），而且可以为平流层提供水汽，从而影响大气环流与全球水循环。水汽通过深对流可传输至对流层上层，为卷云的形成提供了机会。由于卷云可影响大气的辐射传输，因此其在地球能量收支中有着重要的作用。深对流涉及剧烈和复杂的自然过程。深对流的发生通常需要条件不稳定的大气，气块在这样的环境中可到达自由对流层高度；当气块位置高于这一高度时，水成物粒子相变使得潜热释放，将增加正浮力，并进一步驱动对流。然而，由于夹卷、不利的垂直气压梯度等限制新生积云发展因素的存在，因此深对流形成机制通常可分为两类（Romps et al.，2010），即：初始特征是云底附近处的空气已达到饱和（先天型）、云形成后经历了适合发展的环境条件（后天型）。对于后者而言，云层的直减率决定着积云是否可以通过潜热加热获得足够的浮力，从而克服因夹卷失去的浮力；此外，中层的水汽含量也很重要，在条件不稳定的环境中，其制约着深对流的发展及其强度；对流的核心云受夹卷影响，水汽被稀释和蒸发，从而使其所处的环境变干；而积雨云中水汽的释出则增加中层水汽，并促进深对流的发展，但是相对于大尺度强迫而言，其作用较小。深对流水汽的 3 个主要来源是初始水汽、孤立云增加局地水汽、云系整体增加水汽。

1.2.2　浅对流向深对流的转变

浅对流可发展为深对流，当在较大的范围内气团变得更湿、更不稳定，或太阳短波辐射加热产生边界层涡旋时，对流破坏对流抑制层，并不受阻碍地发展到对流层顶。在什么样的特定条件下，浅对流才能够发展为深对流？这个问题更多关心的是短时局地湿对流发展的问题。

Powell（2024）认为，随着与气块相关的云及其上升气流尺度增加，气块上升至 0 ℃层以上高度的可能性也会增加。当云系下方的涡旋尺度较大时，其发展的潜力则会较大。自由对流层以下高度上升气流中的增长云系面积超过 0.4～0.6 km^2，则深对流发展的可能性就会增大。较大的上升气流与云系面积可明显降低上升气流外干空气对其的稀释，而上升气流面积与浮力则呈正相关。自由对流层之上的上升气流中包含着浮力较大、可深度发展的气块。增长的云系单元在其夹卷出较窄的上升气流之前会在其中停留一段时间，然后才进入较宽的上升气流中。夹卷主要发生于具有增长云系单元的上升气流中，而不是在云底部，这一特性是决定特定云是否会加深的最重要因素。云系最初在抬升凝结层高度的尺度较大，会使其在自由对流层以上也较宽，因此云系在其初始高度的尺度影响着其最终的夹卷和稀释特性。当上升气流面积平均值超过云底面积阈值时，增长云系单元便可在上升气流中停留。

在一些区域，特别是热带陆地区域，其对流抑制能通常很高。这就意味着对流过程的发生需要有明确的动力强迫与基本的触发条件，使得气块到达自由对流高度。触发条件可能是辐合线、重力波、冷池出流、地形的抬升区域、水汽和地表差异造成的地表通量中尺度变化等。

低层辐合是各类触发条件的关键，抬升至对流层中层冷却，可增加对流有效位能、减小对流抑制能、增加相对湿度(从而减少通过夹卷进入对流的干稀释过程)。

在云尺度上，抬升增加的机械能可克服对流抑制能，并通过动能抬升气块。在辐合线夹卷减少的干空气，将增加边界层的湿度，并减小对流抑制能。Birch 等(2013)认为，100 km 尺度的低层辐合是决定强对流发展与否的重要因素。

1.2.3　浅对流向深对流发展的垂直热动力廓线的演变特征

对流的发展对于对流层中质量、水汽及动量的输送都至关重要。由于涉及的尺度范围很广，很难对对流从开始到最终发展为深对流和积雨云的演变过程进行准确及时的监测。

通过聚焦地形对流，特别是发生在局部地形上的地形对流，可以有针对性地解决在监测对流过程中的一些问题。在这种监测中，对流发生的初始位置易于确定，并可对对流发生前的环境、对流初期的状态及其发展中垂直廓线的变化进行有效的记录。通过详细了解这些过程，可以了解对流开始和组织的一般机制。

Zehnder 等(2009)对两个典型例子进行了分析。第一个例子中，对流层中层(500～400 hPa)存在稳定层，其限制了积云的形成，积云发展至稳定层高度后维持了数小时；中低层加热与云顶冷却破坏了稳定层，从而导致深对流的迅速发展；该过程与局部非绝热加热引起的重力波造成的绝热位移有关。第二个例子中，不存在对流层中层的稳定层限制深对流的发展，虽然上层的干空气通过夹卷限制了对流的垂直发展，但是高空的干燥空气通过浅层对流的作用而使其湿度增大，从而防止了深对流因夹卷干空气而受到削弱。这些都说明大气的对流调节机制有利于深层对流的发展。

1.3　热带云

对热带云分布的初步研究表明，热带云分布主要呈双模态结构，即：由与哈得来环流(Hadley Cell)和沃克环流(Walker Cell)下沉支的信风逆温相关的浅对流积云和热带辐合带的深对流积云组成(Riehl et al.，1958)。在热带活跃对流区域内还发现了由浅积云、积雨云和深对流组成的三模态分布(Johnson et al.，1999)，这三种云类型的云顶则非常接近抑制云增长和促进云消散的稳定层。

浅积云可出现在热带辐合带以外多数热带海洋区域，是维持信风和提供深对流的边界层的水分来源主要要素。积雨云则常为多层系统，并可在深对流发生前加湿对流层中层。深对流则可通过潜热释放与对流夹卷，维持对流大气的温度与湿度结构，其通过传输动量、水汽和能量影响大气环流。这些云对于气溶胶间接效应的响应是至关重要的研究内容。

地球能量收支与对流是通过“辐射—对流”平衡联系在一起的。在这一平衡状态中，大气能量损失的大气辐射能超出其吸收的辐射能，进而又通过地表对流过程和大尺度风再平衡。

Van Den Heever 等 (2011) 研究表明，对流的大尺度组织、区域平均降水和总云量仅显示出对气溶胶浓度增强的微弱响应。然而，尽管全区域对气溶胶浓度增加的反应较弱，但气溶胶对三种热带云模态的间接影响非常显著。

在研究局部效应或热带特定云类型的影响时，气溶胶间接强迫的作用可能非常重要。研究发现，与三种热带云模态相关的气溶胶间接强迫在量级上相当显著，在符号上往往不同，这一事实似乎导致了较弱的区域平均响应。因此，这些模拟表明，与热带浅云相关的气溶胶间接效应可能会抵消或补偿与凝结和深对流系统相关的气溶胶直接效应，反之亦然，从而对气溶胶间接强迫产生更温和的全域响应。

1.4　中尺度对流系统

MCS 及 MCC 的发生不仅与对流层的厚度有关，而且也与对流层低层准地转强迫密切相关。

MCS 是较大的对流云系统之一，其水平尺度可达数百千米。当深对流在 500～1000 km^2 的范围内辐合时，MCS 便会形成。当云通过潜热和辐射过程加热对流层时，其会引发中尺度的环流，即：对流层低层上升，而对流层中层下沉，供给环流上升分支的对流层低层则可能有数千米厚，上升的气流并不是以边界层为基点向上运动的。有时整个中尺度的翻转环流出现在稳定层之上，这种中尺度分层环流使 MCS 具有自身独特的动力学特征。

不同区域的 MCS 存在较大的差异，陆地上 MCS 中的对流单体可能呈“线”或“带”状分布；而海洋上 MCS 中的对流单体表现得并不集中，其层云区域往往比陆地上的更大且更强。

强大的层状云区域的存在意味着 MCS 的净加热廓线(潜热和辐射加热相结合)与其层状云降水也是相关联的，其可在中层引发位涡。无论其是否明显，MCS 对大尺度环流的净影响都是在中层产生位涡，从而影响其所嵌入的大尺度环流的发展走向。

全球范围内MCS的形式具有一定的多样性，MCS内对流单体的排列形式有着较大的差异，这些变化使得MCS对大尺度环境位涡的影响程度增大，这些变化有时与天气系统环境的斜压性有关。不同区域的MCS差异较大，需要将世界各地的MCS的不同结构联系起来，从而形成对MCS发生及其与大气大尺度环流关系的全球统一认识。

1.4.1　有利于MCS发展的边界层过程

低空急流(LLJ)对于夜间MCS的发展有着重要的影响。日落后，与夜间地表逆温发展相关的湍流应力突然减小，从而激发惯性振荡，进而使得LLJ加强。这种LLJ在气压梯度较为稳定的平坦区域尤其容易发展(Blackadar，1957)。然而，在一些气压梯度日变化明显的山谷区域，气压梯度与边界层湍流应力可产生明显的边界层风。山坡区域中尺度水平气压梯度将增强，且在加热强度最强时水平气压梯度达到最强。在没有扰动的条件下，气压梯度不受制于天气尺度与中尺度的影响，地面最大的地转风便易观测到。由于白天中性边界层通常比夜间地表逆温层深厚，中尺度的气压增强强迫可使南风在夜间于逆温层之上运动(McNider et al.，1981)。边界层结构的日变化表明，夜间LLJ核心高度的抬升与下午较晚时段地面最大地转风形成有关。在理想条件下，即：晴空、均一的相对湿度、土壤湿度与地表特征，这些因素对于LLJ的发展都有重要的影响。

1.4.2　大尺度条件

大尺度条件会影响MCS的位置及发展过程。夜间强对流发生前，LLJ位于对流层低层槽前。移动地表气旋的暖区气压梯度会与中尺度加热日变化相叠加，从而使下午较晚时段的地面地转风增至最大。MCS的发生与大尺度的锋面密切相关，MCS出现前，辐合一般发生在锋前，此后沿着锋面MCS迅速发展并传播。

有利于MCS发展的对流层低层环境如图1.1所示。下午地面地转风最大，并延伸至地面锋面处。其中，斜坡的等熵区域代表大尺度锋面，而垂直环流则代表与锋生相关的锋面。下午，白天锋前的中性边界层存在强烈的混合，其迟滞了实际风向准地转风的转变，从而强迫产生了向上的分量气流，在白天并未形成高位势辐合。但是向上的暖湿气流对于MCS的形成却是有利的。日落后，近地面的地转风消失，夜间边界层变得比白天更浅，在夜间逆温层之上的中性层中形成增强气压梯度力，这有助于产生夜间LLJ。LLJ的急流轴可出现于夜间逆温层顶部(即白天地转风速最大的区域)。随着夜间逆温层顶部气流的增强和转向，最终与锋区相遇，辐合在边界层处增强，从而使得向上的运动持续增强，进而形成强对流。

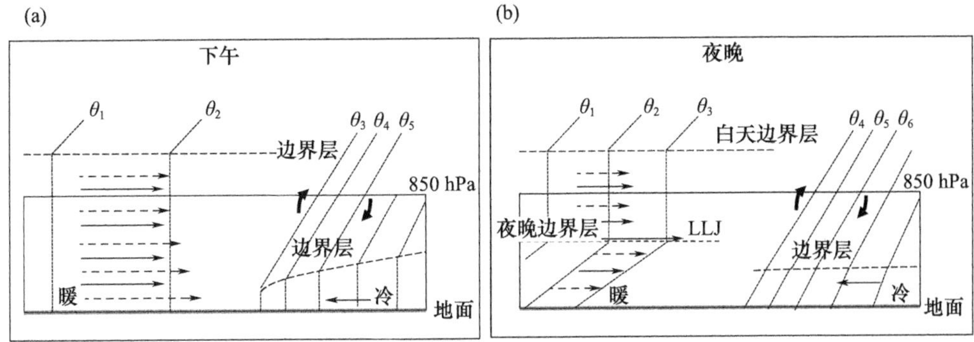

图 1.1　下午(a)和夜晚(b)较大的 MCS 发展时边界层风与锋生边界层相互作用增强低空垂直运动的垂直剖面示意图(Augustine et al. ,1994)

(短虚线为等熵线、虚线箭头为地转气流、实线箭头为实际气流)

1.4.3　MCS 内的大气运动与热动力过程

MCS 内的下沉气流的范围有限，通常与对流性降水直接相关，其为水成物粒子重力强迫所致。高层密度较大的空气易于形成密度流，其引导边界即为阵风锋。其他下沉气流则出现在层状云降水区，虽然强度较弱，但范围相对较大，其主要是下落过程中液相水成物粒子蒸发或冰相水成物粒子升华与融化所造成的。

MCS 的上升气流尺度为数千米的向上运动单体和对应于相似尺度的反射率单体，叠加在较低高度的下沉密度流上方较宽的倾斜上升区域上。在层状云区域，中尺度上升气流位于中尺度下沉气流之上，其从环境中层吸入，并受降水的升华、融化和蒸发非绝热向下强迫。

在飑线 MCS 的个例中，中层入流与中尺度下沉气流相关，也称为“后向入流急流”(Smull et al. ,1987)，其为飑线 MCS 的基本特征，若环境切变有利于中层强对流气流的发展，则其可能会被进一步加强。在其层状云下沉气流区，气流向对流区水平运动，而降水形成的下沉气流占据了其低层的主要区域。层状云区的下沉气流有时会与对流前沿的对流下沉气流合并，使得阵风锋向前涌动，从而以“弓形回波”的形式引发新的对流。由经过“弓形回波”部分的垂直截面可知，MCS 层状云区域后部的下沉入流，可穿过系统的对流区，并与对流尺度下沉气流结合，可将阵风锋向前推，从而引起破坏性的地面风。MCS 中较为广泛的中尺度翻转是大气垂直混合的主要机制。因为下沉入流从中层进入，所以如此规模的下沉气流将大量的对流层中层低位温的空气输送到较低层，通常，上升的中尺度气流将高位温空气从低层带到对流层上层。

1.4.4 MCS 的环境风切变

飑线 MCS 的移动速度通常要快于非飑线 MCS,其以深对流云为主导,其后是范围较大的层状降水区。MCS 的传播通常在系统运动方向上略有弯曲且向前凸出,其垂直于对流层低层的风切变。飑线系统中的对流单体在与上升气流的正浮力和对流下沉气流的负浮力相关的水平涡度平衡的作用下保持着垂直方向上的发展(Weisman et al.,2004)。随着飑线系统的发展,层状云区域不断增长,与层状云区域中尺度下沉气流相关的涡度增加将导致对流系统向后倾斜。当层状云区域产生的中尺度下沉气流变得极其强烈时,其涡度可以促使冷池边界远离主系统,并呈"弓形回波"。

对流层切变决定着 MCS 的降水云系与对流线的具体位置关系,其中一些对流线与切变是平行的,而另外一些对流线与切变则是相互垂直的(Johnson et al.,2005)。热带印度洋区域 MCS 的结构则较为特殊,其环境中低层为西风带,高层为东风带,随着时间的推移,对流云和层状云区域以相反方向移动而分离,层状区域系统地向西移动,并吸收向东移动的深对流(Yamada et al.,2010)。Robe 等(2001)认为,当低层切变范围变大时,对流线将旋转并远离与切变正交的方向。

1.4.5 MCS 以下的边界层与冷池

热带海洋区域的 MCS 可改变行星边界层的特性。利用垂直指向的声雷达可对晴空对流泡、小对流云及稳定层进行分析。Houze(1977)的声雷达观测表明,在 MCS 前方海面垂直向上的高声波反射率尖峰通常是晴空湍流造成的,地表湍流层上方间歇性出现底部约为 300 m 的由低层的小范围非降水积云形成的回波尖峰。MCS 后方的边界层结构则是稳定层在边界层的冷下沉气流上方,当冷空气移动至温暖的海面之上时,湍流混合则强于 MCS 前方。

MCS 的冷池对海洋边界层有着明显的影响。Gaynor 等(1978)认为,大西洋东部 30%的热带辐合带区域常年被冷池控制,大部分 MCS 的发生与冷池相关。MCS 的冷池使地表热通量增强了 10%～30%,通常潜热通量的增加主要是由于风速的增加所造成的,而感热通量则受到风和冷池温度下降的影响(Esbensen et al.,1996)。对流下沉气流冷池的一个重要影响是充当密度流,并在其前缘触发新的对流。因此,从这个意义上讲,冷池也可以被认为是现有和未来对流之间的一种连接"纽带"。Feng 等(2015)认为,最强的新对流往往发生在冷池的碰撞点处。与海洋的潜热通量主导不同,在陆地上地表感热通量则是影响冷池的重要因素。地表感热通量与环境空气的夹卷是陆地 MCS 冷池消散的重要原因。

1.4.6　抬升的 MCS

在中纬度的陆地区域，边界层有时不再是需要考虑的因素，MCS 的分层翻转有时完全发生于高空，其与行星边界层不存在任何关联性。MCS 可位于由锋面冷空气或夜间陆面冷却所形成的稳定大气层之上。上冲至稳定大气层顶之上的不稳定暖空气使得成熟的 MCS 分层并被抬升。

源于中层的中尺度下沉气流位于中尺度上升气流之下，但在稳定层之上。扰动的稳定层在 MCS 之下。由于重力波或潮涌传播穿过稳定层，因此 MCS 的上升气流层在稳定层中向上凸起并上升。

Parker(2008)认为，在夜间冷却产生稳定层之前，MCS 便可激发，并在随后被抬升至稳定层之上。扰动的稳定层与锋面或强夜间地面冷却相关，其可触发新对流，从而发展为 MCS。高空发展的 MCS 的下沉气流可向下探至地面，并有可能转变为普通型 MCS。与锋面有一定联系的抬升 MCS 则通常出现在中纬度大陆地区。

1.4.7　MCS 的生命期、加热模式和位涡

MCS 最初可能表现为单体的深对流，而在实际环境中则有一组相互靠近的单体，呈线性或其他形态，其中前期以对流性降水为主。当有新单体形成时，初始单体便会减弱。随着初始单体的减弱，其垂直运动不再支持水成物粒子垂直方向的平流。高层降落的冰相粒子经过平均垂直运动减弱的环境，在 0 ℃层以下的高度融化后转变为雨，雨层气流以下沉为主。液滴经过亚饱和层时，其中一部分会被蒸发(Brown，1979)。在 MCS 的成熟期，对流性与层状云降水都较为旺盛。降水到达地面后，MCS 的消散期仍可持续较长时间。在 MCS 的消散期后，高空的冰相粒子可继续停留数小时，且云顶高度仍可被抬升。当云层从上部夹卷干空气时，层云区域的湍流运动可使云顶抬升。当夜间云层上部的辐射冷却使其稳定度减弱时，混合则达到最强。MCS 消散后高空的薄云层对对流层高层的辐射传输有重要的影响。

MCS 生命期内通过水分平衡，将潜热释放及辐射加热与大气加热相互关联。MCS 降水与其释放到大气中的净潜热成正比，高空的冰云影响对流层上部的辐射传输。

Houze(1982)认为，MCS 对流与层状云区域的潜热加热随高度的分布存在较大的差异，MCS 潜热加热与其水分收支密切相关。MCS 对流区的净加热由对流上升气流中水汽的凝结与凝华主导(其为对流性降水的主要来源，同时也是凝结水从对流区转移到层状云区的主要来源)。在对流单体中的冷水冻结释放潜热加热了高层，有时最大的加热层在对流层中层之下，有时会略高，但通常不会出现在对流层的高层(Houze，1989)。在层云区高层的净加热与冷却，是由弱浮力层云上升气流中水

汽凝华为冰相粒子，以及对流层下层中尺度下沉气流层云降水粒子的蒸发所决定的。除蒸发外，融化冷却主要在层云区 0 ℃层以下 0.5 km 厚度层内。在这样的过程中，潜热加热廓线在高层为正，低层为负。除了潜热加热和冷却过程，较长时间的辐射通量辐合及 MCS 冰云云砧的扩展将导致高层被进一步加热。较大范围的 MCS 层云部分的降水与所有降水都发生在对流塔中的情况相比，高空的加热更集中。

MCS 加热廓线高层加热明显具有重要的动力学意义。大气大尺度环流的准平衡处于对位涡场不断调整的状态。当绝热过程发生时，尽管位涡不保守，但是其可影响加热的空间梯度。特别是位涡的时间变化率直接与加热垂直梯度成正比。因此，加热廓线高层越明显，其对大尺度的反馈就越强烈。一些 MCS 的环境切变廓线与加热廓线相关的位涡异常相互作用可延长 MCS 的生命期。

1.4.8 MCS 的微物理特征及对流性与层状云降水

早期 MCS 云中观测到的大多数粒子图像的形状难以辨认，但偶尔会显示出某些晶体特征和结构。当云中垂直方向的运动较弱时，云中粒子通过水汽凝华及聚并，随后可向下漂移至融化层。在 MCS 各高度上，最常见的粒子类型与冰相粒子于弱向上空气运动的层云中生长、发展和沉降的分布特征基本一致。此外，0 ℃层以上近球型粒子的分布与融化层以上淞附的霰或其他粒子也是基本一致的(Houze et al.,1987)。

Braun 等(1995)利用热力学和微物理方程，结合双多普勒雷达观测获得风场信息，反演了 MCS 中的冻结和融化特征。他们认为，层云区域的融化层相对较浅，而冻结层相对较厚，并与 MCS 中的对流单体相对应。层云区域的中低层因水成物粒子的融化而冷却，以及对流单体高层的冻结，对 MCS 加热廓线高层加热都有直接的贡献。对流区域存在垂直的霰粒子柱，其主要位于 0 ℃层以上的高度，水平尺度可达数千米，其中冻结与淞附会同时发生；融化后的湿聚并主要发生于 0 ℃层以下的高度。通常，陆地上的对流上升气流强于海洋上的，霰和雹与陆地区域较深厚的冻结层相关联。

MCS 对流云与层状云区的微物理过程是相互关联的。凝结率先发生于对流云区，其后转变为层状云降水的一部分。Leary 等(1979)认为，当新的对流单体在层云区附近形成时，部分对流云会转变为层状云。随着这一过程的重复，MCS 的大部分则转变为层状云区域。在对流活动中，具有浮力的上升云体，在上升过程中膨胀，Yuter 等(1995)将其称为“粒子喷泉”。当上升云体接近其最大上升高度时，悬浮在上升气流中的水成物粒子会落在不断沿水平方向扩大的区域。随着越来越多的水成物粒子到达高空，对流减弱。对流层中上部的中尺度区域充满了凝华形成的冰相粒子，MCS 的层云区则主要是由这些具有一定弱浮力的水成物粒子组成的。这样的过程可能并不存在环境风切变，因此，原则上具有对流云与层状云的 MCS 可以在没有风切变的环境中发展(图 1.2)。

MCS 通常在具有环境风切变的条件下形成，风切变可影响其对流与层云区的结构。“粒子喷泉”在上升流中系统地向后平流，具有弱浮力和缓慢下降的冰相粒子，可系统地向后移动到层云区域上部。

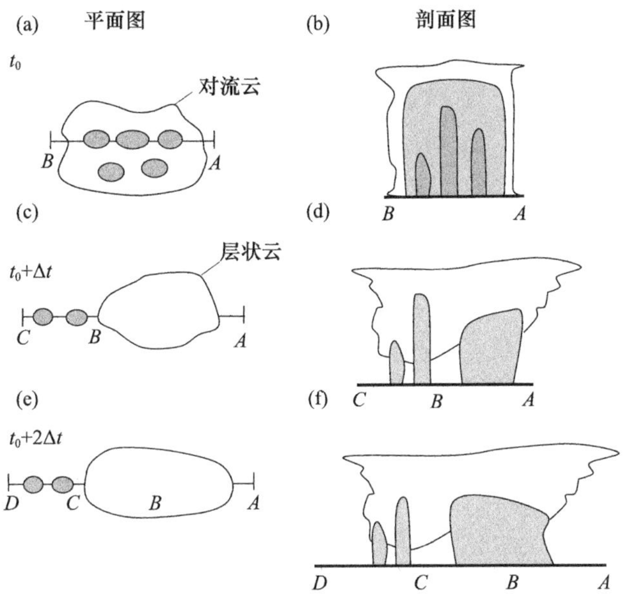

图 1.2　与深对流相关联的雨层云发展 3 个连续时次的概念模型(Houze,2014)

(a 为t_0、c 为$t_0+\Delta t$、e 为$t_0+2\Delta t$ 时刻的平面图，

b、d、f 分别为相应时刻的垂直剖面，可见云边界的草图已添加到垂直剖面中)

1.4.9　对流的激发和发展在 MCS 形成中的作用

通常，所有的 MCS 都源于深对流的激发和发展。但问题在于，每个水平尺度只有数千米至数十千米的深对流单体是如何在 100 km 的区域内水平紧密组织成一个整体的？这样的组织形式最终使得 MCS 得以形成。Wing 等(2014)认为，多云与少云区域水汽辐合与辐射差异之间存在的相互作用有利于 MCS 的形成。陆地上的地表与地形非均一性特征明显，其有利于 MCS 的激发与加强。

1.4.10　MCS 与热带气旋的产生

Frank(1970)认为，集中在天气尺度热带槽中的 MCS 是热带气旋的前兆。Dunkerton 等(2009)则分析了 MCS 在天气尺度涡度环境中的增长集中涡度并导致热带气旋发展的原因。Houze 等 (2009) 利用机载多普勒雷达观测发现，在热带气旋形成之前，MCS 的各单体围绕共同的大尺度涡度中心旋转。对流上升气流较强，从而使涡度集中。处于不同发展阶段的孤立对流单体和 MCS 组成对流簇。当围绕低气压中心旋转的 MCS 增强了大尺度低气压时，就会形成热带气旋。当 MCS 区域变成热带气旋时，层状区域涡度向下增强；涡旋热塔中的涡旋集中度对气旋生成则至关重要(Montgomery et al.，2006)。

1.4.11　气候变化对 MCS 的影响

在全球变暖的背景下，大气环流也随之调整，在陆地及海洋上适于 MCS 发生的位置则也发生了相应的变化。如：大气环流的变化和地形的共同作用可使南亚季风区 MCS 频发，从而造成洪涝灾害(Rasmussen et al.，2015)。环境变化会影响 MCS 的强度及基本特征，MCS 的结构和动力学过程受温度、水汽、大尺度环境风切变的影响明显。此外，MCS 特征的变化还与环境中的气溶胶相关。气溶胶可改变深对流云砧特性，增加的环境气溶胶可存在于云砧中大量尺度较小的冰相粒子中。在这样的条件下，MCS 中的冰晶凇附增大，导致上升到高空的云水减少，云砧中冰的混合比降低，云砧的范围则会变得更大，且厚度也会增加。MCS 层云区域的变化可改变辐射传输特性，从而改变 MCS 的加热廓线，进而对大尺度环流也存在一定的反馈作用。

1.5　中尺度对流复合体

MCC 是具有良好组织形式的多发生于中纬度的风暴系统，其通常尺度大且生命期长，为惯性稳定形式的 MCS，其半径可超过罗斯贝变形半径，实际尺度介于 200～2000 km；由红外卫星观测得到的 MCC 物理特征主要分两类：A 类云区的红外温度低于－32 ℃，面积大于 100000 km^2；B 类内部冷云区温度低于－52 ℃，面积大于 50000 km^2。两种类型 MCC 的持续时间均超过 6 h，两类短轴与长轴之比大于 0.7(Maddox，1980)。MCC 是暖心结构的对流系统，其大部分在对流层中层，冷核心则在对流层顶附近。其从低层至中层的辐合则提供了强烈向上的质量通量。其暖心结构则导致在高层产生了中尺度反气旋及较强的出流。Maddox(1983)认为，MCC 的形成与中层弱短波槽东移和低层暖平流密切相关。

MCC 初期主要表现为以对流层低层为中心的辐合、垂直运动与加热。在成熟阶段，其峰值向上运动和加热层向上移动至对流层高层。在其后半程，对流层高层出现反气旋涡度和最大的辐散(Cotton et al.，1989)。

1.5.1　MCC 的热量收支

积云对流对于大尺度环流的影响可以通过诊断分析进行研究。大尺度运动系

统的热源(Q_1)与湿沉降(Q_2)分别为(Yanai et al. ,1973):

$$Q_1=\frac{\partial \bar{s}}{\partial t}+\overline{\nabla s \mathbf{V}}+\frac{\partial \overline{s\omega}}{\partial p}=Q_R+L(c-e)-\frac{\partial \overline{s'\omega'}}{\partial p} \tag{1.1}$$

$$Q_2=-L\left(\frac{\partial \bar{q}}{\partial t}+\overline{\nabla q \mathbf{V}}+\frac{\partial \overline{q\omega}}{\partial p}\right)=L(c-e)+L\frac{\partial \overline{q'\omega'}}{\partial p} \tag{1.2}$$

其中:s 为干静力能,$\mathbf{V}$ 为水平风速,ω 为垂直风速,Q_R 为辐射冷却,c 为凝结,e 为蒸发,L 为凝结潜热,q 为比湿,参量上方的短横代表 α 中尺度的水平平均。Q_1 主要由辐射、净凝结的潜热释放及感热垂直湍流输送的垂直辐合构成,Q_2 则主要由净凝结水汽垂直湍流输送的垂直辐合构成。

由以上两式可得:

$$Q_1-Q_2-Q_R=-\frac{\partial \overline{(s'+Lq')\omega'}}{\partial p}=-\frac{\partial \overline{h'\omega'}}{\partial p} \tag{1.3}$$

其中:$\overline{h'\omega'}$为总热量的垂直湍流输送,其可表征积云对流或中尺度运动。

随着 MCC 的发展,凝结加热增加,并达到其发展阶段的最大值。由于垂直平流项主导着高层的热量收支,因此最大热源高度与峰值上升运动相对应。水平平流项则在 MCC 成熟前影响热源与 MCC 消散期的热沉降。

1.5.2　MCC 的水收支

MCC 总的水收支可由下式分析:

$$\overline{P}-\overline{E}=-\int_{p_0}^{p_{100}} q\,\nabla\cdot\mathbf{V}\,\frac{\mathrm{d}p}{g}-\int_{p_0}^{p_{100}}\mathbf{V}\cdot\nabla q\,\frac{\mathrm{d}p}{g}-\frac{\partial}{\partial t}\int_{p_0}^{p_{100}}\bar{q}\,\frac{\mathrm{d}p}{g} \tag{1.4}$$

其中:q 为水汽混合比,p_0 为地面气压,p_{100} 为 100 hPa 气压,$\overline{P}$为地面的降水强度,$\overline{E}$为地面的蒸发强度。由于相变,100 hPa 高度无明显水汽通量发生。

对于积云或中尺度对流系统而言,主要的水汽来源是进入云底的水汽流。当空气抬升冷却时,水汽转变为液态云滴,其中一部分则转变为液态或冻结的降水粒子。一部分水快速降落至地面形成径流,另一部分水则进入云砧最终蒸发或缓慢形成稳定的降水。一些凝结水通过夹卷过程或冷空气进入云体内部,从云的侧面被蒸发。随着天气系统的衰减,一些云水与较小的降水粒子被蒸发,另一些则在低层下沉气流较干的云层中被蒸发。

MCC 的关键阶段可细分如下。

(1)MCC 的前期阶段:该阶段在 MCC 将要形成的区域,多个天气尺度特征并存。在对流层低层,天气尺度环流驱动水汽辐合,位势不稳定空气可激发深对流。正如 Maddox(1983)所分析的,地面锋面、水平湿轴、低空急流、500 hPa 槽及高空分流区的位置都集中在同一个有利于 MCC 维持的区域内。MCC 则是由积云、中尺度、大尺度的动力与热动力过程相互作用而形成的。

(2)MCC的初始阶段：该阶段MCC通常在地面锋面区附近发展(Maddox，1983)，MCC在中层主导气流的作用下移动，其湿润的入流在对流层低层，以补偿能量在高层的损耗。弱的垂直风切变，其风向随高度转向。低层辐合与高层辐散相对应，可在较长时间内维持出流与入流，从而加深深对流，而中低层潜热释放将进一步加强辐合，为MCC的发展提供更多的能量。该阶段在对流辐合与加热的共同作用下，最大的上升运动在700 hPa，期间的降水主要为对流性降水，降水效率则约为59%(McAnelly et al.，1989)。

(3)MCC的增长阶段：于MCC中心附近，对流层中低层的位温梯度从对流层低层为系统的发展提供充足的能量。低层辐合带扩展并抬升至对流层中层，并与400 hPa的最大上升运动相对应。同时，最大加热层也出现在400 hPa的高度，并与中层辐合发展相对应。

(4)MCC的成熟阶段：该阶段中尺度的层状云砧成为主导因素，冷却上升至对流层顶并达到最大强度，反映出中尺度上升与高层云长波辐射冷却的物理过程。中层辐合与发展的中层气旋性切变使得MCC得以维持，而700 hPa以下的向下运动开始发展，高层反气旋切变逐渐增强。尽管平均降水强度开始减弱，但是层云区降水强度依然较强。

(5)MCC的衰减阶段：该阶段MCC移动进入低层湿度、位势不稳定及强迫机制减小的区域，这些不利的条件使得MCC的低层环流与深对流减弱。在对流层中层气旋性切变持续增强，而在对流层高层反气旋性切变持续增强。最大的加热维持在400 hPa的高度，但其强度则有所减弱。强垂直运动也在400 hPa的高度附近，但深对流已明显减弱。降水强度持续减小，但降水效率仍维持在86%左右。

(6)MCC的消散及后MCC阶段：该阶段MCC移动至无水汽支持、弱位势不稳定及无明显强迫机制的区域，由于缺少能量的供给，因此这些不利的条件最终使得MCC消散。在系统完全消散前，上升垂直速度维持在400 hPa高度。而较强的反气旋切变则在200 hPa的高度于该阶段得以维持。降水强度与降水量在该阶段则持续减小，降水效率降低至50%以下。

参考文献

ASHLEY W S，GILSON C W，2009. A reassessment of U. S. lightning mortality[J]. Bull Amer Meteor Soc，90：1501-1518.

AUGUSTINE J A，CARACENA F，1994. Lower-tropospheric precursors to nocturnal MCS development over central United States[J]. Weather and Forecasting，9：116-135.

BIRCH C E，PARKER D J，O'LEARY A，et al，2013. Impact of soil moisture and convectively generated waves on the initiation of a West African mesoscale convective system[J]. Quart J Roy Meteor Soc,139:1712-1720.

BLACKADAR A K,1957. Boundary layer wind maxima and their significance for the growth of nocturnal inversions[J]. Bull Amer Meteor Soc,77:260-271.

BRAUN S A, HOUZE R A,Jr,1995. Melting and freezing in a mesoscale convective system[J]. Quart J Roy Meteor Soc,121:55-77.

BROWN J M,1979. Mesoscale unsaturated downdrafts driven by rainfall evaporation:A numerical study[J]. J Atmos Sci,36:313-338.

COTTON W R,LIN M,MCANELLY R L,et al,1989. A composite model of mesoscale convective complexes[J]. Mon Wea Rev,117:765-783.

DIFFENBAUGH N S, SCHERER M, TRAPP R J, 2013. Robust increases in severe thunderstorm environments in response to greenhouse forcing[J]. Proc Natl Acad Sci USA,110:16361-16366.

DUNKERTON T J,MONTGOMERY M T,WANG Z,2009. Tropical cyclogenesis in a tropical wave critical layer:Easterly waves[J]. Atmos Chem Phys,9:5587-5646.

ESBENSEN S K,MCPHADEN M J,1996. Enhancement of tropical ocean evaporation and sensible heat flux by atmospheric mesoscale systems[J]. J Climate,9:2307-2325.

FENG Z,HAGOS S,ROWE A K,et al,2015. Mechanisms of convective cloud organization by cold pools over tropical warm ocean during the AMIE/DYNAMO field campaign[J]. J Adv Model Earth Syst,7:357-381.

FORD T W,QUIRING S M,FRAUENFELD O W,et al,2015. Synoptic conditions related to soil moisture-atmosphere interactions and unorganized convection in Oklahoma[J]. J Geophys Res Atmos,120:11519-11535.

FRANK N L,1970. Atlantic tropical systems of 1969[J]. Mon Wea Rev,98:307-314.

GAYNOR J E,MANDICS P A,1978. Analysis of the tropical marine boundary layer during GATE using acoustic sounder data[J]. Mon Wea Rev,106:223-232.

HABERLIE A M,ASHLEY W S,PINGEL T J,2015. The effect of urbanisation on the climatology of thunderstorm initiation[J]. Quart J Roy Meteor Soc,141:663-675.

HOUZE R A,Jr,1977. Structure and dynamics of a tropical squall-line system[J]. Mon Wea Rev,105:1540-1567.

HOUZE R A,Jr ,1982. Cloud clusters and large-scale vertical motions in the tropics[J]. J Meteor Soc Japan,60:396-410.

HOUZE R A,Jr ,1989. Observed structure of mesoscale convective systems and implications for large-scale heating[J]. Quart J Roy Meteor Soc,115:425-461.

HOUZE R A,Jr ,2014. Cloud Dynamics[M]. 2nd ed. New York:Academic Press:432 .

HOUZE R A,Jr,CHURCHILL D D,1987. Mesoscale organization and cloud microphysics in a Bay of Bengal depression[J]. J Atmos Sci,44:1845-1867.

HOUZE R A,Jr,LEE W C,BELL M M,2009. Convective contribution to the genesis of Hurricane Ophelia (2005)[J]. Mon Wea Rev,137:2778-2800.

JOHNSON R H,RICKENBACH T M,RUTLEDGE S A,et al,1999. Trimodal characteristics of tropical convection[J]. J Climate,12:2397-2418.

JOHNSON R H,AVES S L,CIESIELSKI P E,et al,2005. Organization of oceanic convection during the onset of the 1998 East Asian summer monsoon[J]. Mon Wea Rev,133:131-148.

LEARY C A, HOUZE R A, Jr, 1979. Melting and evaporation of hydrometeors in precipitation from the anvil clouds of deep tropical convection[J]. J Atmos Sci,36:669-679.

MADDOX R A,1980. Mesoscale convective complexes[J]. Bull Amer Meteor Soc,61:1374-1387.

MADDOX R A,1983. Large scale meteorological conditions associated with midlatitude,mesoscale convective complexes[J]. Mon Wea Rev,111:1475-1493.

MCANELLY R L,COTTON W R,1989. The precipitation life cycle of mesoscale convective complexes over the central United States[J]. Mon Wea Rev,117:784-808.

MCNIDER R T,PIELKE R,1981. Diurnal boundary layer development over sloping terrain[J]. J Atmos Sci,38:2198-2212.

MILLER P W, ELLIS A, KEIGHTON S, 2015. Spatial distribution of lightning associated with low-shear thunderstorm environments in the central Appalachians region[J]. Phys Geogr,36:127-141.

MILLER P W,MOTE T L,2017. Standardizing the definition of a "pulse" thunderstorm[J]. Bull Amer Meteor Soc,98:905-913.

MONTGOMERY M T,NICHOLLS M E,CRAM T A,et al,2006. A vortical hot tower route to tropical cyclogenesis[J]. J Atmos Sci,63:355-386.

MOTE T L,LACKE M C,SHEPHERD J M,2007. Radar signatures of the urban effect on precipitation distribution:A case study for Atlanta,Georgia[J]. Geophys Res Lett,34:1-10.

PARKER M D,2008. Response of simulated squall lines to low-level cooling[J]. J Atmos Sci,65:1323-1341.

POWELL S W,2024. Updraft width implications for cumulonimbus growth in a moist marine[J]. Environment J Atmos Sci,81:629-648.

RASMUSSEN K L,HILL A J,TOMA V E,et al,2015. Multiscale analysis of three consecutive years of anomalous flooding in Pakistan[J]. Quart J Roy Meteor Soc,141:1259-1276.

RIEHL H,MALKUS J S,1958. On the heat balance in the equatorial trough zone[J]. Geophysica,6:503-538.

ROBE F R,EMANUEL K A,2001. The effect of vertical wind shear on radiative-convective equilibrium states[J]. J Atmos Sci,58:1427-1445.

ROMPS D M,KUANG Z,2010. Nature versus nurture in shallow convection[J]. J Atmos Sci,67:1655-1666.

SMULL B F,HOUZE R A,Jr,1987. Rear inflow in squall lines with trailing stratiform precipitation [J]. Mon Wea Rev,115:2869-2889.

VAN DEN HEEVER S C,STEPHENS G L,WOOD N B,2011. Aerosol indirect effects on tropical convection characteristics under conditions of radiative-convective equilibrium[J]. J Atmos Sci,

68:699-718.

WEISMAN M L,ROTUNNO R,2004. "A theory for strong long-lived squall lines" revisited[J]. J Atmos Sci,61:361-382.

WING A A,EMANUEL K A,2014. Physical mechanisms controlling self-aggregation of convection in idealized numerical modeling simulations[J]. J Adv Model Earth Syst,6:59-74.

WISSMEIER U,GOLER R,2009. A comparison of tropical and midlatitude thunderstorm evolution in response to wind shear[J]. J Atmos Sci,66:2385-2401.

YAMADA H,YONEYAMA K,KATSUMATA M,et al,2010. Observations of a super cloud cluster accompanied by synoptic-scale eastward-propagating precipitating systems over the Indian Ocean[J]. J Atmos Sci,67:1456-1473.

YANAI M,ESBENSEN S,CHU J,1973. Determination of bulk properties of tropical cloud clusters from large scale heat and moisture budget[J]. J Atmos Sci,30:611-627.

YUTER S E,HOUZE R A,Jr,1995. Three-dimensional kinematic and microphysical evolution of Florida cumulonimbus. Part III: Vertical mass transport, mass divergence, and synthesis[J]. Mon Wea Rev,123:1964-1983.

ZEHNDER J A,HU J,RADZAN A,2009. Evolution of the vertical thermodynamic profile during the transition from shallow to deep convection during CuPIDO 2006[J]. Mon Wea Rev,137:937-953.

第 2 章　对流发展的热能

对流的发展需要热能，而这些热能可源于地表的感热、水汽凝结或冻结等所产生的潜热。如：积雨云是强对流的一种表现形式，云中空气比周围环境空气热，并在湍流中加速上升，形成多个泡状的“花椰菜”结构，直到其遇到强逆温层（通常是对流层顶，其为对流层与平流层的分界），对流运动才会停滞，云中的水成物粒子在对流层顶水平扩展分布，从而形成云砧。

云中不同尺度及不同相态的水成物粒子相互作用，通过感应与非感应起电机制带电，并在云中形成优势电荷区域，从而演化出稳定的电荷结构并产生闪电。地表与大气的相互作用是对流发展的重要因素。本章将从地表效应、边界层效应及大气垂直特征具体分析对流发展的热能。

2.1　地表效应

在典型的强对流天气过程中，裸露的或有植被的地表的能量与水汽收支可由简化的模型表示，详见图 2.1。

地表热量收支可由式(2.1)给出：

$$R_N = Q_G + H + L(E+T) \tag{2.1}$$

其中：R_N为净辐射通量，Q_G为土壤热通量，H 为湍流感热通量，$L(E+T)$为湍流潜热通量（L 为汽化潜热）。

R_N也可由式(2.2)给出：

$$R_N = Q_s(1-A) + Q_{LW}^{\downarrow} - Q_{LW}^{\uparrow} \tag{2.2}$$

其中：Q_s为太阳辐射，A 为反照率，$Q_{LW}^{\downarrow}$为向下的长波辐射，$Q_{LW}^{\uparrow}$为向上的长波辐射。

$Q_{LW}^{\uparrow}$可由式(2.3)给出：

$$Q_{LW}^{\uparrow} = (1-\varepsilon)Q_{LW}^{\downarrow} + \varepsilon\sigma T_s^4 \tag{2.3}$$

其中：ε 为地表辐射率，T_s为地表温度，σ 为斯蒂芬-波尔兹曼常数。

对于水汽收支，则有：

$$P = E + T + R_O + I \tag{2.4}$$

其中：P 为降水，E 为蒸发（在无生物物理过程的条件下，液水向水汽的转变），T 为蒸腾作用(通过植物气孔的生物物理过程的水汽转变)，R_O为径流，I 为渗透。

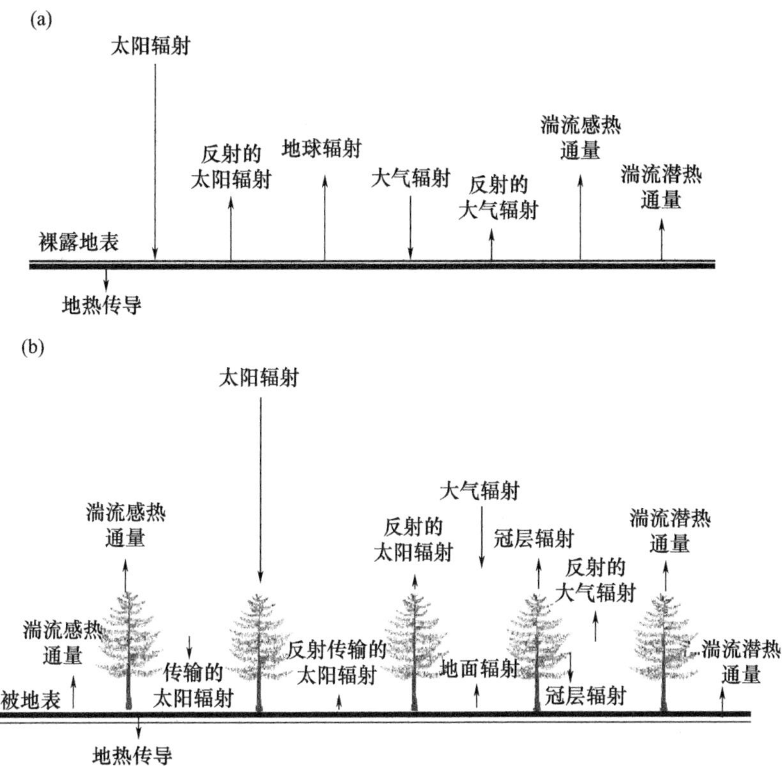

图 2.1　裸露地表(a)与植被地表(b)的热量收支(Pielke et al. ,1990)
(地表粗糙度将影响热通量量级，露和霜的形成与消失也将影响热收支)

湍流感热通量(H)与潜热通量($L(E+T)$)的比值被定义为鲍恩比率(B)，即：

$$B=\frac{H}{L(E+T)} \tag{2.5}$$

而蒸发比(e_f)则为：

$$e_f=\frac{L(E+T)}{R_N} \tag{2.6}$$

其中：$L(E+T)$也称为“蒸发蒸腾量”。

R_N与 H 和$L(E+T)$的关系，则可由式(2.7)给出：

$$H\cong\frac{R_N-Q_G}{\frac{1}{B}+1} \tag{2.7}$$

当$Q_G \ll H$ 时，则有(Segal et al. ,1988)：

$$H\cong\left(\frac{1+B}{B}\right)R_N \tag{2.8}$$

对于R_N同一值而言，饱恩比率较小时，强对流发生的潜力则会增加。任何地表特征的改变都将直接影响强对流发生的潜力。当反照率(A)减小时，将会使R_N增大，同时，会为Q_G、H、E和T提供更多的热量。热量通过H使得位温(θ)增加。若地表是干燥裸露的，所有的热量都将提供给土壤热通量(Q_G)与湍流感热通量(H)，这正是沙漠地区地表的基本特征。积云云底与地表热通量和水汽通量密切相关，且受地表差异性特征的影响。

2.2 边界层效应

当地表能量收支发生改变时，边界层内的热通量、水汽通量及动量通量将会直接受到影响。对流边界层的垂直结构(其中，地表热通量为H，边界层厚度为z_i)及在z_i之上的温度层结决定着温度与热通量的垂直廓线。

在没有大尺度风场的条件下，z_i的增长率存在以下特征(Deardorff，1974)：

$$\frac{\partial z_i}{\partial t} \sim H^{2/3} z_i^{-4/3} \tag{2.9}$$

在z_i之上至z_i以下高度空气的夹卷可由式(2.10)给出：

$$H_{z_i} = -\alpha H \tag{2.10}$$

其中：α为夹卷系数($\alpha \cong 0.2$)。

边界层在白天的增长率与自由对流层大气摄入边界层的量，都有赖于地表热通量。通过简化的位温(θ)的诊断方程，可对温度变化与地表热通量之间的关系进行说明，即：

$$\frac{\partial \theta}{\partial t} = \frac{\partial}{\partial z}\left(\frac{H}{\rho c_p}\right) \tag{2.11}$$

其中：ρ为空气密度，c_p为比定压热容。

从地面积分至z_i，则有：

$$\frac{\partial \bar{\theta}}{\partial t} = \frac{1}{z_i \rho c_p}[H_s - H_{z_i}] = \frac{1.2}{z_i \rho c_p} H_s \tag{2.12}$$

其中：H_{z_i}中α取值为1.2。

2.3 大气垂直特征

地表特征可影响大气边界层的加热与加湿，从而影响对流发生的潜势与降水。在地表条件不同的相邻区域进行的探空可评估对流潜势。灌溉区域比自然草原区域释放探空得到的对流层低层的温度可能更低，而湿度则可能更大。

在探空中涉及以下基本概念。

2.3.1　干绝热直减率

位温方程可由式(2.13)给出：

$$\frac{\partial\theta}{\partial t}+\mathbf{V}\cdot\nabla\theta=\frac{\mathrm{d}\theta}{\mathrm{d}t}=Q \tag{2.13}$$

若气块的热量不增也不减，则位温在不同的高度上为定常值，即：

$$\frac{\mathrm{d}\theta}{\mathrm{d}z}=0 \tag{2.14}$$

这说明，有垂直位移的气块无热量变化。

位温的定义，即：

$$\theta=T_v\left(\frac{1000}{p}\right)^{R_d/c_p} \tag{2.15}$$

对其两边取对数，并对高度(z)微分，则有：

$$\frac{1}{\theta}\frac{\mathrm{d}\theta}{\mathrm{d}z}=\frac{1}{T_v}\frac{\mathrm{d}T_v}{\mathrm{d}z}-\frac{R_d}{c_p p}\frac{\mathrm{d}p}{\mathrm{d}z}=0 \tag{2.16}$$

$$T_v=T_{\mathrm{dry}}(1+0.61w) \tag{2.17}$$

其中：T_v 为虚温，w 为混合比，T_{dry}为干球温度。

假设静力平衡，即：

$$\frac{\mathrm{d}p}{\mathrm{d}z}=-\rho g \tag{2.18}$$

则有：

$$\frac{\mathrm{d}T_v}{\mathrm{d}z}=\frac{-R_d T\rho}{p}\frac{g}{c_p} \tag{2.19}$$

由于 $p=\rho R_d T_v$(ρ 为空气密度，R_d为气体常数)，则有：

$$\frac{\mathrm{d}T_v}{\mathrm{d}z}=-\frac{g}{c_p}=-\Gamma_d \tag{2.20}$$

对于地球的对流层而言，则有：

$$\Gamma_d=\frac{g}{c_p}\cong\frac{1\ ℃}{100\ \mathrm{m}} \tag{2.21}$$

其中：Γ_d也称为干绝热直减率。

2.3.2　湿绝热直减率

当气块被抬升时，温度将随之减小。由于气块在较低的温度下不可能含有更多的水汽，因此，若水汽压(e)相对于水面或冰面饱和，即等于饱和水汽压(e_s)时，充分的抬升将导致气块内的水汽凝结或凝华，则有$\frac{e}{e_s}=1$，或$\frac{w}{w_s}=1$(其中，w 为混合比，w_s

为饱和混合比)，$w=w_s$的高度即为抬升凝结层高度。

气块的 w 取决于对其露点温度的测量，露点温度可定义为定压冷却导致的初次凝结时的温度。气块的温度决定着其最大含有水汽的量，饱和混合比与温度在实际对流层中的关系可表示如下(Pielke,1984)：

对于液面(s)而言：

$$w_s \cong \frac{3.8}{\bar{p}} \exp\left[\frac{21.9(\overline{T}-273.2)}{\overline{T}-7.7}\right] \tag{2.22}$$

对于冰面(si)而言：

$$w_{si} \cong \frac{3.8}{\bar{p}} \exp\left[\frac{17.3(\overline{T}-273.2)}{\overline{T}-35.9}\right] \tag{2.23}$$

抬升凝结层高度的水汽含量是定常的，定常的 w 值并不意味着露点温度不随高度而变。当气块抬升时，膨胀将导致其水汽压 e 随高度而减小，即：

$$e=\rho_v R_v T \tag{2.24}$$

其中：ρ_v为水汽密度，R_v为水汽的气体常数。膨胀要求ρ_v减小，且温度随高度的增加而减小。气块温度等压降低，水汽凝结。

水在抬升凝结高度或以上高度的相变，可导致热量的变化：

$$\frac{1}{\theta}\frac{\mathrm{d}\theta}{\mathrm{d}z}=\frac{1}{T}\frac{\mathrm{d}T}{\mathrm{d}z}-\frac{R_\mathrm{d}}{c_p p}\frac{\mathrm{d}p}{\mathrm{d}z}=-\frac{L}{c_p T}\frac{\mathrm{d}w_s}{\mathrm{d}z} \tag{2.25}$$

其中：$\frac{\mathrm{d}w_s}{\mathrm{d}z}$为饱和混合比随高度的变化。

当$\frac{\mathrm{d}w_s}{\mathrm{d}z}$为负时，表明水汽转变为其他相态，相变的潜热为 L，从而有：

$$\frac{\mathrm{d}T}{\mathrm{d}z}=-\frac{L}{c_p}\frac{\mathrm{d}w_s}{\mathrm{d}z}-\frac{R_\mathrm{d}T\rho g}{p c_p}=-\frac{L}{c_p}\frac{\mathrm{d}w_s}{\mathrm{d}z}-\frac{g}{c_p} \tag{2.26}$$

因为有：

$$\frac{\mathrm{d}w_s}{\mathrm{d}z}=\frac{\mathrm{d}w_s}{\mathrm{d}T}\frac{\mathrm{d}T}{\mathrm{d}z} \tag{2.27}$$

则有：

$$\frac{\mathrm{d}T}{\mathrm{d}z}=\frac{-\frac{g}{c_p}}{1+\frac{L}{c_p}\frac{\mathrm{d}w_s}{\mathrm{d}T}}=\frac{-\Gamma_\mathrm{d}}{1+\frac{L}{c_p}\frac{\mathrm{d}w_s}{\mathrm{d}T}}=-\Gamma_\mathrm{m} \tag{2.28}$$

其中：Γ_m为湿绝热直减率。当发生由水汽向液水的相态变化时，L 与凝结潜热相对应($L \cong 2.5\times10^6\,\mathrm{J\cdot kg^{-1}}$)，$w_s$为相对于液水的饱和混合比；当发生水汽向冰的相态变化时，L 则为凝华潜热($L \cong 2.88\times10^6\,\mathrm{J\cdot kg^{-1}}$)，$w_s$为相对于冰的饱和混合比。

当$\frac{\mathrm{d}w_s}{\mathrm{d}T}$为正时，有：

$$\Gamma_{\mathrm{m}} \leqslant \Gamma_{\mathrm{d}} \tag{2.29}$$

在较低的温度下，$\frac{\mathrm{d}w_{\mathrm{s}}}{\mathrm{d}T}$较小，因此，在冷空气中 $\Gamma_{\mathrm{m}} \cong \Gamma_{\mathrm{d}}$。

若气块中含有液水或冰，在气块下沉的过程中液水会转变为水汽（液水蒸发或冰升华）。在这样的条件下，相变过程是可逆的。若液水或冰脱离气块降落，气块下沉则不会产生水汽，该过程也称为假绝热过程，气块抬升至抬升凝结层高度以上则为不可逆的。

研究中还得到了其他一些描述大气热动力特征的量，若以下关系成立（在对流层内通常是成立的），即：

$$\frac{1}{T}\left|\frac{\mathrm{d}w_{\mathrm{s}}}{\mathrm{d}z}\right| \gg \frac{w_{\mathrm{s}}}{T^2}\left|\frac{\mathrm{d}T}{\mathrm{d}z}\right| \tag{2.30}$$

则有：

$$\frac{1}{\theta}\frac{\mathrm{d}\theta}{\mathrm{d}z} = -\frac{L}{c_p T}\frac{\mathrm{d}w_{\mathrm{s}}}{\mathrm{d}z} \cong -\frac{L}{c_p}\frac{\mathrm{d}}{\mathrm{d}z}\left(\frac{w_{\mathrm{s}}}{T}\right) \tag{2.31}$$

由于在低温的条件下，饱和混合比比温度降低得更快；w_{s}/T 于绝对零度时，趋近于 0。因此，L 与 c_p 为常数时，对式(2.31)从观测温度至绝对零度进行积分，可得到假相当位温的公式。假相当位温（T_{es}）可由式(2.32)给出：

$$T_{\mathrm{es}} = T_v + \frac{L}{c_p} w_{\mathrm{s}} \tag{2.32}$$

则有：

$$\theta_{\mathrm{es}} = T_{\mathrm{es}}\left(\frac{1000}{p}\right)^{\frac{R_{\mathrm{d}}}{c_p}} \tag{2.33}$$

同时有：

$$\theta_{\mathrm{es}} = \theta \exp\left(\frac{L w_{\mathrm{s}}}{c_p T}\right) \tag{2.34}$$

当空气不饱和时，则有：

$$\theta_{\mathrm{e}} = \theta \exp\left(\frac{L w}{c_p T}\right) \tag{2.35}$$

若气块中所有的水汽都凝结，则以相当位温代表这些水汽凝结时的位温。

$$\frac{\mathrm{d}(\ln\theta)}{\mathrm{d}z} = -\frac{L}{c_p}\frac{\mathrm{d}}{\mathrm{d}z}\left(\frac{w_{\mathrm{s}}}{T}\right) \tag{2.36}$$

若气块中的水汽增加，对式(2.36)从当前的 θ 与w_{s}积分到θ_w与w_{s}'，则有：

$$\int_{\theta}^{\theta_w} \frac{\mathrm{d}}{\mathrm{d}z}\ln\theta \mathrm{d}z = -\frac{L}{c_p}\int_{w_{\mathrm{s}}}^{w_{\mathrm{s}}'} \frac{\mathrm{d}}{\mathrm{d}z}\left(\frac{w_{\mathrm{s}}}{T}\right)\mathrm{d}z \tag{2.37}$$

则有：

$$\ln\frac{\theta_w}{\theta} = -\frac{L}{c_p}\left(\frac{w_{\mathrm{s}}}{T} - \frac{w_{\mathrm{s}}'}{T_w}\right) \tag{2.38}$$

则有：

$$\theta_w=\theta\exp\left[-\frac{L}{c_p}\left(\frac{w_s}{T}-\frac{w_s{}'}{T_w}\right)\right] \tag{2.39}$$

这便是湿球温度。

对于等压过程，由热力学第一定律可知：

$$c_p\mathrm{d}T=-L\mathrm{d}w_s \tag{2.40}$$

通过与以上相同的积分，则有：

$$c_p(T-T_w)=-L(w_s-w_s{}') \tag{2.41}$$

亦有：

$$T_w=T-\frac{L}{c_p}(w_s{}'-w_s) \tag{2.42}$$

由于气块湿度的增加提升了露点温度，而水汽蒸发降低了温度，则有：

$$T_D\leqslant T_w\leqslant T \tag{2.43}$$

其中：T_D为露点温度。

在达到饱和前，气块干绝热抬升（即：$\frac{\mathrm{d}\theta}{\mathrm{d}z}=0$）。气块的水汽含量可由混合比给出，其首次达到饱和的高度即为抬升凝结层高度。在凝结层高度以下，若未发生夹卷等热动力过程，θ、θ_e及θ_w则为常数，因此这三个量可用来描述干空气的物理特征。在抬升凝结层高度以上，只有θ_e与θ_w在无夹卷的条件为常数，因此这两个量也可用来分析饱和空气物理特征。

2.3.3　静力稳定度

大气的垂直运动方程可由式(2.44)给出，即：

$$\frac{\mathrm{d}^2z}{\mathrm{d}t^2}=\frac{\mathrm{d}w}{\mathrm{d}t}=-\frac{1}{\rho}\frac{\partial p}{\partial z}-g \tag{2.44}$$

其中：w为垂直速度；$\frac{1}{\rho}\frac{\partial p}{\partial z}$和$g$分别为垂直气压梯度力和重力加速度，当这两个力大小相等而方向相反时，大气则处于静力平衡状态，否则，大气会产生加速运动。

对于环境大气而言，其运动方程有：

$$\left|\frac{\partial p}{\partial z}\right|_e=-\rho_e g \tag{2.45}$$

其中：下角标 e 表示环境大气。

对于气块而言，其运动方程有：

$$\frac{\mathrm{d}w}{\mathrm{d}t}=-\frac{1}{\rho_p}\frac{\partial p}{\partial z}\bigg|_p-g \tag{2.46}$$

其中：下角标 p 表示气块。

假设作用在气块上的垂直压力梯度力与相同高度的大气垂直压力相等，则有：

$$\left.\frac{\partial p}{\partial z}\right|_{\mathrm{e}}=\left.\frac{\partial p}{\partial z}\right|_{\mathrm{p}}=\frac{\partial p}{\partial z} \tag{2.47}$$

从而有：

$$\frac{\mathrm{d}w}{\mathrm{d}t}=g\,\frac{\rho_{\mathrm{e}}-\rho_{\mathrm{p}}}{\rho_{\mathrm{p}}} \tag{2.48}$$

若静止气块密度小于其环境大气，则其将加速向上运动。若$\rho_{\mathrm{e}}=\rho_{\mathrm{p}}$，静止的气块将保持静止，而运动的气块则将以定常的速度运动。

根据理想气体方程，则有：

$$\rho_{\mathrm{e}}=\frac{p}{R_{\mathrm{d}}T_{\mathrm{e}}} \tag{2.49}$$

$$\rho_{\mathrm{p}}=\frac{p}{R_{\mathrm{d}}T_{\mathrm{p}}} \tag{2.50}$$

则有：

$$\frac{\mathrm{d}w}{\mathrm{d}t}=g\,\frac{T_{\mathrm{p}}-T_{\mathrm{e}}}{T_{\mathrm{e}}} \tag{2.51}$$

若气块温度高于其环境温度，静止气块则会加速向上运动。

通过泰勒展开，气块受强迫从初始高度向上运动，气块与环境的温度可分别以式(2.52)和式(2.53)给出：

$$T_{\mathrm{p}}=T_{\mathrm{o}}+\left.\frac{\mathrm{d}T}{\mathrm{d}z}\right|_{\mathrm{p}}\delta z+\frac{1}{2}\left.\frac{\mathrm{d}^2 T}{\mathrm{d}z^2}\right|_{\mathrm{p}}(\delta z)^2+\cdots \tag{2.52}$$

$$T_{\mathrm{e}}=T_{\mathrm{o}}+\left.\frac{\mathrm{d}T}{\mathrm{d}z}\right|_{\mathrm{e}}\delta z+\frac{1}{2}\left.\frac{\mathrm{d}^2 T}{\mathrm{d}z^2}\right|_{\mathrm{e}}(\delta z)^2+\cdots \tag{2.53}$$

其中：T_{o}为气块初始位置的温度。

若 δz 较小，则有：

$$T_{\mathrm{p}}\cong T_{\mathrm{o}}-\Gamma_{\mathrm{d}}\delta z \tag{2.54}$$

$$T_{\mathrm{e}}\cong T_{\mathrm{o}}-\Gamma\delta z \tag{2.55}$$

其中：Γ_{d}为气块的干绝热直减率（Γ 为环境直减率），即：

$$\Gamma_{\mathrm{d}}=\frac{g}{c_p}=-\left.\frac{\mathrm{d}T}{\mathrm{d}z}\right|_{\mathrm{p}} \tag{2.56}$$

则有：

$$\frac{\mathrm{d}w}{\mathrm{d}t}\cong g\,\frac{\Gamma-\Gamma_{\mathrm{d}}}{T_{\mathrm{e}}}\delta z \tag{2.57}$$

若 $\Gamma>\Gamma_{\mathrm{d}}$，则为不稳定大气；若 $\Gamma=\Gamma_{\mathrm{d}}$，则为中性大气；若 $\Gamma<\Gamma_{\mathrm{d}}$，则为稳定大气。

在大气中，$\Gamma<\Gamma_{\mathrm{d}}$，多为晴天地面以上的大气，或冷空气平流至水面之上的大气，或日落时云顶之上的大气。

由于恒定位温(θ)等于Γ_d，因此，$\Gamma>\Gamma_d$、$\Gamma=\Gamma_d$及$\Gamma<\Gamma_d$则分别对应于$\frac{\partial\theta}{\partial z}<0$、$\frac{\partial\theta}{\partial z}=0$及$\frac{\partial\theta}{\partial z}>0$。$\frac{\partial\theta}{\partial z}<0$也称为超绝热过程。

以上相应的概念也可用于饱和的大气环境中，即可以Γ_m代替Γ_d进行相应的分析。若空气是饱和的，$\Gamma>\Gamma_m$，则为不稳定大气；$\Gamma=\Gamma_m$，则为中性大气；$\Gamma<\Gamma_m$，则为稳定大气。

热动力稳定度是针对气块来分析的。若出现整层大气的大尺度抬升，抬升将导致大气直减率(Γ)发生明显的变化。

当$\partial\theta_e/\partial z>0$时，整层大气将趋于稳定；当$\partial\theta_e/\partial z<0$时，则整层大气将趋于不稳定，大气中易产生积云对流。当干空气置于湿空气之上时，大气便处于对流不稳定状态。通常，条件不稳定是针对气块界定的，而对流不稳定则是针对整层大气界定的。

2.3.4　对流参数

在天气分析中，发展了一些有价值的热动力参数，其对于评估对流发展潜势颇具价值。

(1)平衡层高度

大气中，气块的温度(T_p)等于环境温度(T_e)的高度也称为平衡层高度(EL)。在这个高度以下，$T_p>T_e$，这个高度通常与积云顶的平均高度相对应。当积云顶超过这一高度时，则称为“过冲云顶”。

(2)对流温度

对流温度(T_c)，其对应于干绝热环境直减率下的近地面温度(太阳辐射加热地表及随后产生混合形成的温度)。该温度较高，且足以使气块从近地面的浅超绝热层抬升至凝结层高度，对流温度通常对应白天地面的最高温度。

(3)对流凝结层高度

对流凝结层高度(CCL)与对流温度相关联，其为边界层内具有浮力的湍流涡旋抬升形成的浅层积云顶的高度。一旦出现对流凝结层高度，由于云遮挡地面，以及在对流凝结层以下高度，积云增强了近地面边界层内的混合与风速，因此地面温度便不再会超过T_c。对流凝结层高度高于或等于抬升凝结层高度(LCL)。准确计算对流凝结层高度的方法是计算从地面至通过近绝热直减率到达的凝结的高度。

(4)自由对流层高度

气块从近地面被机械抬升，并使其温度高于环境温度的高度称为自由对流层高度(LFC)。到达这一高度后，气块凭借其自身的浮力会进一步上升。

(5)对流有效位能

该能量与 LFC 和 EL 之间气块过剩的温度成正比，这种温度过剩可以用θ和θ_e

的垂直轮廓来描述。将气块抬升到 LFC 所需的机械能称为负浮力。对流有效位能(CAPE)也称为正浮力。

(6)对流抑制能

对流抑制能(CIN)是必须添加到廓线低层的热能,以便使自由对流层高度处的位温等于近地面附近的位温,即:$\frac{\partial \theta}{\partial z}=0$,对流抑制能可消除负浮力。

(7)抬升指数

抬升指数(LI)是度量稳定度的指数,其可定义如下:

$$\mathrm{LI}=T_{500\ \mathrm{hPa}}-T_{\mathrm{p}500\ \mathrm{hPa}} \tag{2.58}$$

其中,$T_{\mathrm{p}500\ \mathrm{hPa}}$是气块以定常的位温($\theta$)抬升至抬升凝结层高度及以$\theta_e$抬升至 500 hPa 的温度,$T_{500\ \mathrm{hPa}}$是观测得到的 500 hPa 的温度。当 LI>0 时,无明显的积云对流发生;当 0>LI>−4 时,有小范围弱对流发生;当−4>LI>−6 时,有对流发生;当 LI<−6 时,有强对流发生。

参考文献

DEARDORFF J W,1974. Three-dimensional numerical study of the height and mean structure of a heated planetary boundary layer[J]. Boundary Layer Meteorol,7:81-106.

PIELKE R A,1984. Mesoscale Meteorological Modeling[M]. San Diego:Academic:612.

PIELKE R A,AVISSAR R,1990. Influence of the spatial distribution of vegetation and soils on the prediction of cumulus convective rainfall[J]. Rev Geophys,39(2):151-176.

SEGAL M,AVISSAR R,MCCUMBER M C,et al,1988. Evaluation of vegetation effects on the generation and modification of mesoscale circulations[J]. J Atmos Sci,45:2268-2292.

第 3 章　局地环流与混合边界层对于对流的影响

对流的发展有一定的特殊性，局地环流与混合边界层对于对流具有明显的影响。对流激发前 β 中尺度及 γ 中尺度的边界层场就会出现一定程度的变化，如：辐合区域可小至 2～5 km(Weckwerth et al. ,2006)；风场 1～2 $m \cdot s^{-1}$ 的变化便可产生辐合，从而维持上升运动(Weckwerth et al. ,1999)；对流边界层湿度的变化在 5 km 的范围内可小至 0.25 $kg \cdot m^{-3}$(Fabry,2006)。为了更好地认识对流激发，本章将具体讨论局地环流对于对流的影响、混合边界层加深对于深对流激发的作用、上升气流与下沉气流的耦合、Woodcock 抬升凝结层高度理论、与质量增加相关的浮力产生的加速度、大尺度辐合的混合边界层对于对流的影响及标准混合层对于对流的影响。

3.1　局地环流对于对流的影响

地表热通量与边界层厚度的水平变化可导致局地大气环流的产生，而中尺度环流对于积云深对流的产生则至关重要。

中尺度环流与对流激发是陆气相互作用链中的一环，其可形成云和降水。对流激发是天气与气候研究中的重要主题，然而，对于云和降水过程的研究尚不够深入，这在极端天气事件的研究中表现得更为明显。地球上不同区域的对流激发机制有着较大的差异。陆地表面不均匀性、地形效应及其与低层边界和中尺度辐合带的相互作用，这些影响低层湿度、垂直湿度剖面、湿层厚度以及辐合气流强度和深度的因素对于对流激发都有重要的作用。对流激发的位置和时间受边界层碰撞导致的小尺度湿度变化、小尺度边界层的组织结构(水平对流轴与中尺度气旋)、边界层与水平对流轴的相互作用等的影响。辐合带可加深和增加低层湿度场，从而改变垂直湿度梯度；湿度及低层的湿度与温度垂直梯度变化可影响对流的强度。强对流强度的增加主要与静力稳定度降低，并伴随低层较高的水汽含量、浮力、对流有效位能及对流抑制能有关。

对流有效位能等的增加和对流抑制能的减小与局地风环流相关的边界层辐合相联系，辐合带可触发或激发深对流。地表加热的空间结构受地形的影响，并在相对集中的区域产生深对流。

浅层大气系统的静力气压梯度方程可由式(3.1)给出(Pielke et al.,1986),即:

$$\frac{\partial p'}{\partial z}=\frac{\theta'}{\alpha_0\theta_0}g \tag{3.1}$$

其中:$\alpha_0=\frac{1}{\rho_0}$($\rho_0$为所分析整层大气的平均密度)。

式(3.1)在二维水平范围内对 x 与 y 进行微分,并假设α_0与θ_0为常数,则有:

$$\frac{\partial}{\partial z}(\nabla_{2D}p')=\frac{g}{\alpha_0\theta_0}\nabla_{2D}\theta' \tag{3.2}$$

对式(3.2)自地面积分至边界层顶(z_i),则有:

$$\nabla_{2D}p'\big|_{z_i}=\nabla_{2D}p'\big|_{z=0}+g\int_0^{z_i}\frac{\nabla_{2D}\theta'}{\alpha_0\theta_0} \tag{3.3}$$

从而有:

$$\nabla_{2D}p'\big|_{z_i}=\nabla_{2D}p'\big|_{z=0}+\frac{g z_i}{\alpha_0\theta_0}\nabla_{2D}\theta' \tag{3.4}$$

局地风环流的强度受水平气压梯度力量级的影响,即$\frac{\partial \mathbf{V}}{\partial t}$与$\frac{1}{\rho}\nabla_{2D}p'$成正比,且局地风环流也是$z_i\nabla_{2D}\theta'$的函数。

若式(3.4)对时间微分,则有:

$$\frac{\partial}{\partial t}\nabla_z p'\big|_{z_i}=\frac{\partial}{\partial t}\nabla_{2D}p'\big|_{z=0}+\frac{g}{\alpha_0\theta_0}\left(\theta'\nabla_{2D}\frac{\partial z_i}{\partial t}+z_i\nabla_{2D}\frac{\partial\theta'}{\partial t}\right) \tag{3.5}$$

由于$\frac{\partial z_i}{\partial t}$与地表热通量成正比,而$\frac{\partial\theta'}{\partial t}$与地表绝热加热成正比,式(3.5)给出了局地风环流与地表热通量水平变化之间的关系。

Dalu 等(1996)则进一步量化分析局地风环流的方程,即:

$$\left(\frac{\partial}{\partial t}+\lambda\right)u+U\frac{\partial u}{\partial x}+fv-\frac{1}{\rho_0}\frac{\partial p}{\partial z}-K\frac{\partial^2 u}{\partial x^2}=0 \tag{3.6}$$

$$\left(\frac{\partial}{\partial t}+\lambda\right)v+U\frac{\partial v}{\partial x}+fu-K\frac{\partial^2 v}{\partial x^2}=0 \tag{3.7}$$

$$\left(\frac{\partial}{\partial t}+\lambda\right)w+U\frac{\partial w}{\partial x}+\frac{1}{\rho_0}\frac{\partial p}{\partial z}-g\frac{\theta'}{\theta_0}-K\frac{\partial^2 w}{\partial x^2}=0 \tag{3.8}$$

$$\left(\frac{\partial}{\partial t}+\lambda\right)\theta'+U\frac{\partial\theta'}{\partial x}+w\frac{\partial\theta'}{\partial x}-K\frac{\partial^2\theta'}{\partial x^2}-Q=0 \tag{3.9}$$

其中:λ 为由观测得到的长波阻尼系数,u、v、w 为动量分量,U 为大尺度气流强度,f 为科氏参数,K 为水平湍流交换系数,Q 为地面至z_i的绝热加热,θ'为扰动位温,θ_0为环境位温,ρ_0为环境大气密度。

这些方程可作为空间尺度内加热率(L_x)、边界层厚度(z_i),以及加热量(H)的函数。L_x 可由 $\nabla_{2D}H$ 获得。

边界层内的湍流加热与局地风环流的风速、水平湍流混合强度及地表加热水平尺度等密切相关。通过白天加热，局地风环流产生的加热与上升下沉运动及绝热压缩膨胀等有关。地形变化通过 Rossby 半径（罗斯贝变形半径，R_0）对局地风环流产生着重要的影响。R_0 定义如下，即：

$$R_0=\frac{z_i N}{f^2+\lambda^2} \tag{3.10}$$

其中：

$$N=\left(\frac{g}{\theta_0}\frac{\partial\theta}{\partial z}\right)^{\frac{1}{2}} \tag{3.11}$$

3.2　混合边界层加深对于深对流激发的作用

通常，可以通过描述气块的抬升来描述对流激发，其具体包括如下的过程。小空气块从边界层或地面被抬升，并与其周围环境保持相同的气压。在标准探空的条件下，低层大气稳定且分层分布。从地面抬升的气块在到达抬升凝结层高度前，因上升而失去浮力。在抬升凝结层高度，气块达到饱和，而超过该层后，水汽凝结释放的潜热可以抑制随高度增加造成的浮力的减小。如果气块的湿度足够大，潜热释放带来的浮力的增大足以补偿气块绝热冷却导致的浮力的减小。最终气块具有正浮力，而浮力产生的不稳定导致对流激发。气块浮力由负转正的高度也因此称为自由对流高度。以气块为对象描述的对流激发，气块必须从地面抬升至自由对流高度，从而湿对流才能被激发。这就需要有外部的强迫将气块抬升到这一高度，而气块在这一高度以下（具有负浮力）并不能被自动抬升。在这一高度以下，浮力的垂直积分称为对流抑制能，对流激发需要克服对流抑制能。

在理想状态下，无混合绝热气块垂直穿过无扰动环境层。若垂直位移较小，环境为定常直减率，垂直位移（δ）随时间（t）指数变化（其中，频率为 α）（Nugent et al.，2014）：

$$\delta(t)=\delta(t=0)\mathrm{e}^{i\alpha t} \tag{3.12}$$

$$\alpha=(N^2)^{1/2} \tag{3.13}$$

其中：N 或 N^2 为 Brunt-Väisälä 频率（浮力频率）。

非饱和气块：

$$N_{\mathrm{d}}^2=(g/\theta)\frac{\mathrm{d}\theta}{\mathrm{d}z} \tag{3.14}$$

饱和气块：

$$N_m^2 = f(\theta, \theta_{es}) \tag{3.15}$$

其中：θ 为位温，θ_{es}为等效位温。其符号决定着气块是否可围绕其中性浮力高度振荡（$N^2>0$）或垂直加速（$N^2<0$），由此可以判定大气的稳定度。

3.3　上升气流与下沉气流的耦合

由于质量是保守的，若气块上升，周围的空气会从旁边下沉进行补偿。正如定常直减率层内的 Boussinesq 单体对流，则有：

$$w(x,y,z,t) = \hat{w}(t=0)\cos(kx)\cos(ly)\cos(mz)e^{i\alpha t} \tag{3.16}$$

$$\alpha = \left[\frac{N^2(k^2+l^2)}{k^2+l^2+m^2}\right]^{1/2} \tag{3.17}$$

其中，k、l、m 分别为水平与垂直方向（x、y、z）的波数；当$m^2 \gg k^2+l^2$时，由于补偿运动的非静力效应，单体将宽而浅，其运动则相对缓慢。“^”表示变量为傅里叶空间中的变量。

若将对流强度定义为上升气流速度（w_c）与下沉气流速度（w_d）的差异，即：

$$\Delta w = w_c - w_d \tag{3.18}$$

其与指数频率的关系如下：

$$\Delta w(t) = \Delta w(t=0)e^{i\alpha t} \tag{3.19}$$

$$\alpha = (N_S^2)^{1/2} = \left(\frac{A_d N_m^2 + A_c N_d^2}{A_d + A_c}\right)^{1/2} \tag{3.20}$$

其中：A_c为饱和云面积，A_d为干区面积。

当$N_m^2<0$ 且$N_d^2>0$ 时，大气为条件不稳定。当A_c/A_d足够小时，片层稳定度$N_S^2<0$，对流强度则随时间指数增大；A_c/A_d随下沉气流增强而增大，则对流强度减弱。

对于地形对流而言，地形可使整层的空气抬升，整层抬升通常也被定义为“位势不稳定”。当该层的位温随高度降低时，即为位势不稳定；当整层因抬升而饱和时，则$N_m^2<0$，不稳定度增加，初始扰动将指数增大。

3.4　Woodcock 抬升凝结层高度理论

Woodcock（1960）认为，环境湿度的变化对于地形对流的激发有着重要的作用（图 3.1）。当低层空气被地形抬升时，湿空气块率先到达凝结层高度，随后潜热释放获得了更多的浮力。

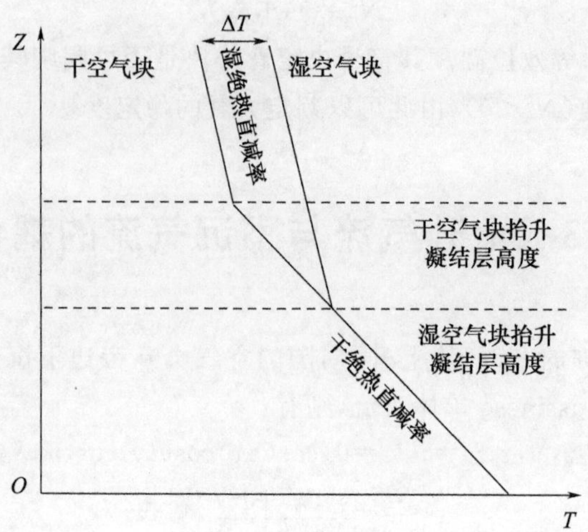

图 3.1　初始湿度不同的两个气块被抬升后所产生的温度差(Woodcock,1960)

其中的大气直减率很重要,其为饱和气块提供了不稳定性,但对不饱和气块则可能维持稳定。通常,浮力是由式(3.21)给出的,即:

$$b=-g\frac{\rho'}{\bar{\rho}} \tag{3.21}$$

其中:ρ 为空气密度($kg \cdot m^{-3}$),g 为重力加速度($m \cdot s^{-2}$),ρ'为密度扰动,$\bar{\rho}$为平均密度。

由式(3.21)可知,气块浮力的变化是基于水平平均状况及相邻气块的抬升给出的。尽管大气的条件不稳定对于地形对流十分重要,但是其并未考虑抬升层的浮力环流变化。若大气是绝对稳定的,由一层中抬升凝结层差异造成的浮力变化会因浮力调整而消失,且浮力扰动最终会通过阻尼振荡而趋近于 0。若大气是不稳定的,气块从抬升层升起并获得浮力,同时加速较快。

复杂的对流过程可产生明显的温度及水汽扰动,通常的描述包括在混合层顶暖干空气的夹卷和降水下沉的蒸发产生冷湿气块。而邻近云体的下沉气流可产生暖干空气,卷出的云内空气温度低且湿度大。水平非均质性可能受到浮力调整过程中对流尺度和随后横向扩散的影响。

3.5　与质量增加相关的浮力产生的加速度

非均质层均匀抬升可产生不同尺度的浮力异常变化。在分析浮力与加速度的关系时,需要考虑质量增加的效应。对于宽而浅区域的正浮力流体而言,由于必须排出大量的流体才能加速，因此其没有窄而深区域的加速快。压力场需要围绕气块分流环境流体，从而也降低了气块的上升速度，这与质量的增加有一定的联系。层内浮力变化被转换为垂直加速度，可产生较强的“质量增加”效应（图 3.2）。

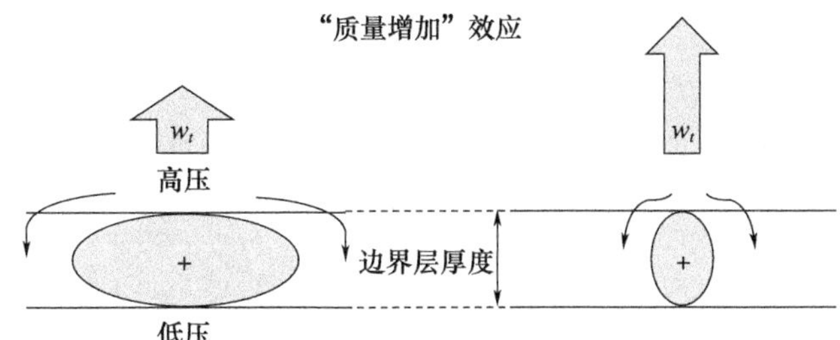

图 3.2　二维“质量增加”效应示意图（Nugent et al.，2014）

（大尺度压力扰动造成浮力变化（必须发展的横向环流使大面积的正浮力空气上升），从而引起的垂直加速度小于小尺度扰动引起的加速度）

具有定常厚度（H）的非均匀层密度波动为 $\rho'(x,y)$，其介于两个均质层之间。利用无黏性线性三维欧拉连续方程，忽略摩擦力、黏性力及非线性平流项，同时忽略抬升时的变形项。其中，变量包括 3 个速度分量（u、v 和 w）、平均和扰动密度（$\bar{\rho}$和 ρ'）、压力（p）、重力（g），下角标的字母表示给定变量的偏导数，则有（Nugent et al.，2014）：

$$\bar{\rho}u_t = -p_x \tag{3.22}$$

$$\bar{\rho}v_t = -p_y \tag{3.23}$$

$$\bar{\rho}w_t = -p_z - g\rho' \tag{3.24}$$

$$u_x + v_y + w_z = 0 \tag{3.25}$$

通过交叉积分，则有：

$$(w_{xx} + w_{yy} + w_{zz})_t = -\frac{g}{\bar{\rho}}(\rho'_{xx} + \rho'_{yy}) \tag{3.26}$$

即：

$$\nabla^2 w_t = -\frac{g}{\bar{\rho}}(\rho'_{xx} + \rho'_{yy}) \tag{3.27}$$

而浮力$\left(-g\dfrac{\rho'}{\bar{\rho}}\right)$与加速度（$w_t$）之间的关系则为：

$$\hat{w}_t(K) = -\frac{g}{\bar{\rho}}\hat{\rho}\left[1 - \exp\left(\frac{-KH}{2}\right)\right] \tag{3.28}$$

$$K = (k^2 + l^2)^{1/2} \tag{3.29}$$

其中：“ˆ”表示变量为傅里叶空间中的变量。

当空气被地形快速抬升时，湿空气块则会有较低的抬升凝结层高度，这对于对流激发是有利的。在大气条件不稳定中存在湿气块，都是易于激发对流的。由于边界层对流和各种云过程,湿度波动在大气中是普遍存在的。热带地区湿气块浮力发生变化时,温度与水汽含量则会呈负相关。在高纬度的冷干气候中,分子的重力效应通常可以忽略,湿空气块的温度变化不易观测到,定常密度层的温度不变。尽管如此,在被快速抬升的空气中,不同水汽含量的气块所产生的浮力差异依然较大。

3.6　大尺度辐合的混合边界层对于对流的影响

在大尺度辐合的条件下,充分混合的边界层持续加深,将导致湿深对流激发。充分混合的边界层,通常其上部存在逆温层,这是对流抑制能的重要来源。尽管其并没有妨碍混合边界层的发展,但是混合边界层的发展对于对流抑制能的形成却有一定的贡献,即:对流边界层持续探入稳定层,从而形成逆温层;混合边界层则会在对流抑制能存在的条件下继续发展。深厚的混合边界层为深对流的激发提供了更好的条件。一旦大尺度的辐合发生,充分混合的边界层就会被破坏,从而激发出湿深对流。

充分的混合边界层与湿深对流的发展有着一定的联系。在大尺度辐合存在的条件下,混合边界层持续加深,而混合层厚度随时间呈指数级增加(Yano,2021)。

若大气的直减率为$\frac{\mathrm{d}\bar{\theta}}{\mathrm{d}z}$,则某一高度的位温为:

$$\theta(z,t=0)=\theta_0+\left(\frac{\mathrm{d}\bar{\theta}}{\mathrm{d}z}\right)z \tag{3.30}$$

若地面处($z=0$)定常热通量为 H(单位:$\mathrm{K\cdot m^{-1}\cdot s^{-1}}$),充分的混合边界层从地面开始发展。

假设位温在高度 z 至充分混合边界层延伸高度(z_m)为恒定值 θ_m,在高度 z_m之上为自由大气,并受到定常强迫(F_+),自由大气的位温则为:

$$\theta_+(z,t)=\theta(z,t=0)+F_+t \tag{3.31}$$

$$F_+=-\left[\overline{w}\left(\frac{\mathrm{d}\,\bar{\theta}}{\mathrm{d}z}\right)+Q_\mathrm{R}\right] \tag{3.32}$$

其中:$\overline{w}$为大尺度垂直运动,Q_R为辐射冷却率。

充分混合边界层受地表热通量(H)的影响而加深,时间 t 内的熵(等于从初始条件到时间 t 的状态在(θ,z)平面上扫过的面积,详见图 3.3a)为:

$$Ht=\frac{\Delta_0\theta+\Delta_\mathrm{m}\theta}{2}z_\mathrm{m} \tag{3.33}$$

其中:$\Delta_0\theta=\theta_\mathrm{m}(t)-\theta_\mathrm{m}(t=0)$,$\Delta_\mathrm{m}\theta=\theta(z_\mathrm{m},t)-\theta_+(z_\mathrm{m},t=0)=F_+t$。

若忽略逆温,$\theta_\mathrm{m}=\theta_+(z_\mathrm{m},t)$,当$F_+<0$ 时,则有:

$$Ht=\frac{z_\mathrm{m}\Delta_0\theta}{2}-\frac{z_\mathrm{m}(-F_+t)}{2} \tag{3.34}$$

因此，混合层发展的熵增益等于地表通量地面热通量造成的熵和由对自由大气强迫（F_+）引起的过剩熵之和（图 3.3b）。

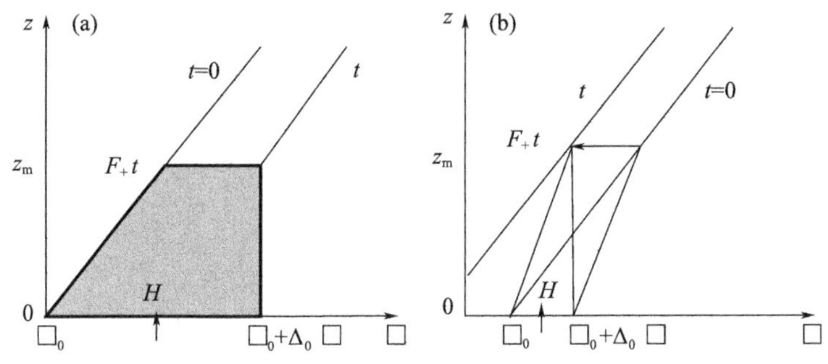

图 3.3　混合边界层热平衡示意图（Yano，2021）

（a 中，当$F_+>0$ 时，阴影面积为熵（Ht）的积分，地面的热通量为 H；b 中，当$F_+<0$ 时，对于混合层的发展而言，由地面热通量（H）引起的熵增益等于地面热通量造成的 Ht 和由对自由大气强迫 F_+引起的过剩熵之和）

充分混合边界层的深度（z_m），在时间 t 内地表位温变化为$\Delta_0\theta$，则有：

$$\Delta_0\theta-F_+t=\left(\frac{\mathrm{d}\bar{\theta}}{\mathrm{d}z}\right)z_m \tag{3.35}$$

因此有：

$$Ht=\frac{1}{2}\left(\frac{\mathrm{d}\bar{\theta}}{\mathrm{d}z}\right)z_m^2+(F_+t)z_m \tag{3.36}$$

则有：

$$z_m=\left(\frac{\mathrm{d}\bar{\theta}}{\mathrm{d}z}\right)^{-1}\left\{-F_+t+\left[(F_+t)^2+2\left(\frac{\mathrm{d}\bar{\theta}}{\mathrm{d}z}\right)Ht\right]^{1/2}\right\} \tag{3.37}$$

当环境空气下降时，$\overline{w}<0$，$F_+>0$，混合层厚度（z_m）趋近于 H/F_+。在大尺度的抬升条件下，$F_+<0$，系统将不会达到平衡，但混合层会随时间而加深，这与大尺度低层辐合的情形是一致的。混合层厚度（z_{m*}）和时间（t_*）的无量纲尺度则分别为：1×10^3 m 和 1 d。

当大尺度低空辐合使得混合层逐渐加深至 2 km 达到自由对流层高度时，湿的深对流便会被激发。

3.7　标准混合层对于对流的影响

若存在逆温，则充分混合边界层顶的位温为：$\Delta_i\theta=\theta_+(z_m)-\theta_m$。混合边界层相对于垂直速度为$\overline{w}$背景加深，而过剩熵被垂直涡通量（$-\overline{w'\theta'}|_{z=z_{m-}}$）向下传输，则有：

$$\left(\frac{\mathrm{d}z_{\mathrm{m}}}{\mathrm{d}t}-\overline{w}\right)\Delta_i\theta=-\overline{w'\theta'}\,|_{z=z_{\mathrm{m}-}} \tag{3.38}$$

其中：$z_{\mathrm{m}-}$为紧邻混合层以下的高度。

$$-\overline{w'\theta'}\,|_{z=z_{\mathrm{m}-}}=w_{\mathrm{e}}\Delta_i\theta \tag{3.39}$$

其中：w_{e}为夹卷率。

则有：

$$\frac{\mathrm{d}z_{\mathrm{m}}}{\mathrm{d}t}=\overline{w}+w_{\mathrm{e}} \tag{3.40}$$

对于充分混合的边界层，若背景辐散(散度为 D)，则有：

$$\overline{w}=-Dz \tag{3.41}$$

当背景有大尺度辐合时，$D<0$，则平衡厚度($\overline{z}_{\mathrm{m}}$)为负，考虑到扰动，则平衡方程为：

$$\left(\frac{\mathrm{d}}{\mathrm{d}t}+D\right)z'_{\mathrm{m}}=0 \tag{3.42}$$

其解则为：$z'=z_0{}'\mathrm{e}^{-Dt}$，$z_0{}'$为初始扰动。

当系统辐散时，$D>0$，气流下沉，平衡状态稳定；反之，则不稳定。大尺度的低空辐合使混合边界层厚度随时间指数变化，对流辐合(D^{-1})的时间尺度接近 1 d。

大尺度垂直速度也可以写为：

$$\overline{w}(z)=-Dz\left(1-\frac{z}{h}\right) \tag{3.43}$$

在对流层顶时，$z=h$，$\overline{w}$则趋近于 0。这个高度可以在对流层顶上取，因此，顶部高度(h)的存在不会影响z_{m}初始指数增长，只有在z_{m}足够大时，才会有相应的影响。

对于混合层厚度，则有：

$$\frac{\mathrm{d}z_{\mathrm{m}}}{\mathrm{d}t}=-Dz_{\mathrm{m}}\left(1-\frac{z_{\mathrm{m}}}{h}\right)+w_{\mathrm{e}} \tag{3.44}$$

其平衡解则为：

$$\overline{z}_{\mathrm{m}}=\frac{h}{2}\left[1\pm\left(1-\frac{4\,w_{\mathrm{e}}}{hD}\right)^{1/2}\right] \tag{3.45}$$

在零速度对流层顶高度时，这两个平衡近似地由$\overline{z}_{\mathrm{m}}\cong w_{\mathrm{e}}/D$ 和 h 给出，因此，平衡混合层厚度存在两种情况，即：常见的混合层厚度与整个对流层厚度。

在大尺度低空辐合的条件下，混合边界层加深激发湿的深对流。当大尺度垂直速度随高度的变化是定常值时，混合层厚度在大尺度辐合时准线性增加。在标准混合层情形下，大尺度辐合或辐散于各高度是定常的，大尺度垂直速度于对流层中层达到最大，而于对流层顶消失。不稳定标准混合层发展为整个对流层混合层(即：深湿对流)。

边界层在辐合的作用加深，边界层顶先是可以到达抬升凝结层高度，然后到达自由对流层高度，从而形成条件不稳定。

充分混合的边界层通过向下的垂直涡通量（$-\overline{w'\theta'}|_{z=z_{m-}}$）加深。尽管较强的逆温可减小夹卷率，但是其并不能阻碍混合层的加深。混合层顶部向下的通量可产生逆温，该通量越强，则逆温越强。湿深对流可能是混合边界层持续加深的结果，其可能不受对流抑制能的影响。对于逆温及对流抑制能而言，混合层的发展并不是其形成的唯一原因，暖湿平流造成的混合层抬升对其形成也会有相应的贡献。然而，无论是哪种原因造成的逆温及对流抑制能，混合层的持续发展都会使空气穿透进入逆温层，从而使对流抑制能无法影响深对流的发展。

在大尺度下沉的条件下，下沉通过夹卷抑制混合边界层的发展，并使其达到平衡状态。当大尺度运动由下沉转为上升时，混合边界层的平衡状态便会被打破，混合边界层持续发展，从而导致深对流的发展。

参考文献

DALU G A，PIELKE R A，BALDI M，et al，1996. Heat and momentum fluxes induced by thermal inhomogeneities[J]. J Atmos Sci，53：3286-3302.

FABRY F，2006. The spatial variability of moisture in the boundary layer and its effect on convection initiation：Project-long characterization[J]. Mon Wea Rev，134：79-91.

NUGENT A D，SMITH R B，2014. Initiating moist convection in an inhomogeneous layer by uniform ascent[J]. J Atmos Sci，71：4597-4610.

PIELKE R A，SEGAL M，1986. Mesoscale circulations forced by differential terrain heating[J]. Am Meteorol Soc，22：516-548.

WECKWERTH T M，HORST T W，WILSON J W，1999. An observational study of the evolution of horizontal convective rolls[J]. Mon Wea Rev，127：2160-2179.

WECKWERTH T M，PARSONS D B，2006. A review of convection initiation and motivation for IHOP 2002[J]. Mon Wea Rev，134：5-22.

WOODCOCK A H，1960. The origin of trade-wind orographic shower rains[J]. Tellus，12A：315-326.

YANO J I，2021. Initiation of deep convection through deepening of a well-mixed boundary layer [J]. Quart J Roy Meteor Soc，147：3085-3095.

第 4 章　深对流的激发

准确的高分辨率三维水汽测量资料对于深对流激发条件的分析是不可或缺的。探空是传统的测量大气中水汽的方法。由于探空站之间距离较大，其获取的垂直廓线通常较为稀疏，且通常一天也只有两次探空，探空结果有时也存在一定的误差。目前，仍然缺乏如雷达测量降水这种可操作的扫描方式的地面遥感系统，来探测大气中的水汽含量。尽管卫星探测水汽时在时空上可作一定的补充，但探测系统在陆地区域对流层低层仍不能获取高垂直分辨率的水汽资料，其观测通常受制于高云量的分布。为了更好地认识深对流的激发，本章将主要针对湿深对流激发的环境条件、湿深对流激发的近云环境、深对流的垂直运动与其微物理过程的关系、深对流激发对于温度直减率的敏感性、地表特征在对流激发中的作用、对流的激发与湿度及深对流激发的近云大气因素进行分析。

4.1　湿深对流激发的环境条件

在实际预报业务中，往往对于湿深对流开始的具体时间和位置预测不够准确，这极大限制了恶劣天气和定量降水预报的准确性。为了解决此类问题，需以足够的空间和时间分辨率对湿深对流激发的环境进行常规采样分析。

对于湿深对流激发而言，大气通常需要有基本条件，即：静力不稳定、水汽，以及触发机制（如：地面气团边界、地形环流、重力波、与低空急流相关的中尺度辐合）。通过这些条件使得云底水汽辐合、抬升，削弱静力稳定层，并使气块加速上升至自由对流层高度，持续地释放对流有效位能。

即便如此，由于周围干燥空气的夹卷（Markowski et al.，2006）或其他诸如风切变等抑制因素（Peters et al.，2019），到达自由对流层高度的气块可能也不足以激发湿深对流。大气探测可以同时表征水汽、静力不稳定性和风切变的垂直剖面，其可有效测量环境产生湿深对流的潜力。

尽管一些环境适合湿深对流的激发，但是通常需区分激发对流与非激发对流的基本要素和背景环境中存在的升力强度，此外，还需分析气块达到其自由对流层高度，克服对流抑制能，释放对流有效位能所发生的垂直位移。常规的运行分析网络可能会低估对流激发环境的可变性，从而导致对流预报的准确性不高。

在理想的状态下，需要设置水平分辨率 10 km 探空，以对湿深对流激发的环境条件进行深入分析。探空可以较为直接地得到湿深对流激发时的近云环境特征。

4.2　湿深对流激发的近云环境

探空观测可提供湿深对流激发期间位温(θ)、水汽混合比、水平风、位温直减率和垂直风切变等环境特征，以及这些要素之间的相关关系。特别需要关注以下各要素。

(1)环境冻结层高度：分析表明，较低的环境冻结层高度可能会增强云中低层冰相微物理过程，从而释放更多的潜热，进而增加气块浮力和更有效的降水过程。

(2)积分浮力与对流抑制能的垂直分布：积分浮力将自由对流层以下气块的正负浮力进行求和，从而估算低层净浮力的加速度。在存在超绝热层或复杂的逆温的情况下，积分浮力有别于对流抑制能，其还涉及气块经历负浮力加速度的垂直厚度。

(3)边界层厚度：其一是将地表面以上至总里查森数为 0.5 的高度定义为边界层厚度(Sørensen et al.，1998)，其二是将 $d\theta/dz$ 超过 0.5 $K \cdot km^{-1}$的高度以下的范围定义为边界层厚度(Liu et al.，2010)。在综合分析中，将二者中较大的取为最终边界层厚度。

(4)边界层湿度层厚度：低层辐合将加深边界层湿度层厚度，并增加激发对流的可能性，其可定义为水汽混合比降至 10 $g \cdot kg^{-1}$或地表值的 80%的高度与地面之间的范围。

(5)边界层以上的水汽：边界层以上的平均温度露点差($T-T_d$)可用于分析其中的水汽条件，而中层(400～600 hPa)干空气夹卷进入自由对流层发展的积云中将影响其水汽条件。

(6)直减率趋势：在 700 hPa 以下、700～500 hPa 及 499～350 hPa，直减率趋势对于分析湿深对流激发(特别是在对流有效位能最大，而对流抑制能最小时)最为重要。

(7)探空获取的垂直运动：在自由对流层附近及其下部，湿深对流激发与背景抬升之间存在密切的联系。在观测区域探空获取的垂直速度误差为 1～2 $m \cdot s^{-1}$(Wang et al.，2009)。

(8)低层平均状态的变量：重点分析边界层内平均的温度、相对湿度、静力稳定度，以及水平风速与湿深对流激发之间的关系。

(9)气流与地形的相互作用：山地弗劳德数和平均低层相对于地形方向的气流可用于分析中尺度气流与局地地形之间的相互作用在湿深对流激发中的作用。

4.3 深对流的垂直运动与其微物理过程的关系

强深对流上升气流的强度和宽度与大冰雹的形成关系密切。深对流上升气流的生命期决定其累积降水值的大小。因此，深对流的垂直运动在一定程度上也决定着天气与气候的特征。

云微物理过程的主要因素之一是其过饱和程度。上升气流中的绝热冷却将使饱和水汽混合比降低，而相对湿度增大。上升运动可形成过饱和，其有利于云滴核化、水汽凝结为液滴及水汽在冰相粒子上凝华。这一过程可体现于云滴的凝结方程中，即(Korolev et al.，2003)：

$$C=\frac{n_c}{\rho}4\pi r\rho_l G(T,p)(S-1) \tag{4.1}$$

其中：C 为云滴凝结率($\mathrm{kg\cdot kg^{-1}\cdot s^{-1}}$)，$n_c$ 为云滴的数浓度($\mathrm{m^{-3}}$)，ρ 为空气密度，r 为云滴半径，ρ_l 为液水密度，T 为温度，p 为气压，S 为饱和比，$S-1$ 为过饱和，$4\pi r\rho_l G(T,p)(S-1)$ 为在半径 r 的单个云滴上的凝结率，$G(T,p)$ 为调节函数($\mathrm{m^2\cdot s^{-1}}$)。

由此可见，过饱和为凝结的主要驱动因素，且凝结过程受气压、温度、空气密度、液滴半径及液滴浓度的影响。上升气流中的冷却促成了过饱和，过饱和率具体如下(Korolev et al.，2003)：

$$\frac{\mathrm{d}S}{\mathrm{d}t}=w\frac{\partial\gamma_{vs}}{\partial z}-C \tag{4.2}$$

其中：w 为垂直速度，γ_{vs} 为饱和水汽混合比，C 为云滴凝结率。

过饱和有赖于垂直速度和凝结率，前者为过饱和的源，后者为过饱和的汇。气流的垂直速度与饱和水汽混合比的垂直梯度密切相关。

对于深对流而言，包含强上升气流、不同尺度的液相与冰相水成物粒子，其温度可能与周围环境有较大的差异，垂直加速度快，且有极端的湍流。

垂直速度与凝结液水混合比的趋势方程如下(Cotton et al.，2010)：

$$\frac{\partial w}{\partial t}=-\boldsymbol{V}\cdot\nabla w-\frac{1}{\rho}\frac{\partial p}{\partial z}+g\left(\frac{\theta'}{\theta_0}+0.61\gamma_v-\gamma_c\right)+D \tag{4.3}$$

$$\frac{\partial\gamma_c}{\partial t}=-\boldsymbol{U}_h\cdot\nabla_h\gamma_c-(w-v_t)\frac{\partial\gamma_c}{\partial z}+M+D \tag{4.4}$$

其中：$\boldsymbol{V}$ 为三维风矢量，∇_h 为水平方向上的梯度算子，g 为重力加速度，θ_0 为初始状态的位温，θ' 为扰动位温，γ_v 为水汽混合比，D 为次网格扩散项，M 为微物理过程项(主要包括：凝结、蒸发、凝华、升华、核化，主要描述相态变化与潜热加热密切相关，可影响浮力量级)，$\frac{\partial w}{\partial t}$ 为垂直加速度，$-\boldsymbol{V}\cdot\nabla w$ 为垂直速度的三维平流，$-\frac{1}{\rho}\frac{\partial p}{\partial z}$ 为气压梯度力垂直分量，$g\left(\frac{\theta'}{\theta_0}+0.61\gamma_v-\gamma_c\right)$为浮力项（热力、水汽、凝结潜热），$\frac{\partial\gamma_c}{\partial t}$为凝结混合比趋势，$-\boldsymbol{U}_h\cdot\nabla_h\gamma_c$为凝结水平平流项，$-(w-v_t)\frac{\partial\gamma_c}{\partial z}$为垂直平流与水成物粒子沉降项。

Grant 等(2022)认为，w 与 M 基本呈线性关系，具体可表示为：

$$M=\alpha(T)w \tag{4.5}$$

其中：α 为 w 与 M 拟合关系的斜率，且仅为温度（包括环境与云内温度）的函数。则有：

$$\frac{\partial\gamma_c}{\partial t}=-\boldsymbol{U}_h\cdot\nabla_h\gamma_c-(w-v_t)\frac{\partial\gamma_c}{\partial z}+\alpha(T_{env})w+D \tag{4.6}$$

从而有：

$$w=\frac{\frac{\partial\gamma_c}{\partial t}+\boldsymbol{U}_h\cdot\nabla_h\gamma_c-v_t\frac{\partial\gamma_c}{\partial z}-D}{\alpha(T_{env})-\frac{\partial\gamma_c}{\partial z}} \tag{4.7}$$

式(4.7)并不包含明显可代表微物理过程的项，因此相对而言是较难进行观测的。凝结混合率水平与垂直梯度及水平风速则易于观测。分析认为，在云的上半部 w 与 M 的线性关系表现最好，并认为在太空利用卫星的观测量对诊断 w 方程中的项可能是有效的。

4.4　深对流激发对于温度直减率的敏感性

深对流激发至少需要条件性不稳定层结及对流的触发条件。而当大气层结是绝对不稳定的，则在有可能突破对流抑制能的条件下被激发。

深对流激发时，气块向自由对流层高度运动，并被稀释，从而会增加其实际的抑制能。抑制能的增加，说明气块因稀释与夹卷而降温，其中的水汽蒸发增强。深对流也会激发于高架源（气块源于混合边界层之上）。

大气层结直减率可定义为：

$$\Gamma=-\frac{\partial T_0}{\partial z} \tag{4.8}$$

其中：T_0 为环境温度，在自由对流层以上高度，深对流可被激发。

源于行星边界层的气块，若在自由对流层以上高度大气层结直减率较小，通过稀释将使其对应的自由对流层高度增加。

两个环境温度廓线在常见的基于混合层的自由对流高度（ML-LFC）以下相同，但在该高度以上具有不同的直减率。

在混合层之外，上升气块的稀释将使湿球位温(θ_w，其在没有混合的情况下通常是守恒的)降低，这种降低可能源于气块外水汽较少的空气与其混合造成的水汽的蒸发(Ziegler et al.,1998)。这种稀释将使自由对流层高度增大，但增大的量有赖于其上环境的直减率。对于自由对流以上层较小直减率而言，ML-LFC 之上的环境温度将高于较大直减率的温度。稀释的气块在获得正浮力之前，需要被抬至更高的高度，即：较小直减率稀释的 LFC 比较大直减率的高，深对流激发的可能性低。

与源于混合良好的边界层的气块一样，源于抬升层的气块也具有类似 LFC 的特征。较小直减率的 LFC 较高(图 4.1)。

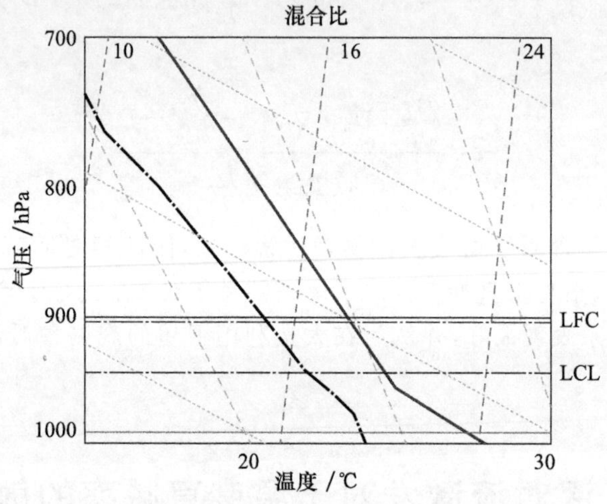

图 4.1　探空 T-ln$p$ 图(Powell,2022)

(黑色粗实线为温度，黑色粗点划线为露点温度，黑色细点划线分别为 LFC 与 LCL，灰色粗虚线为混合比，灰色点虚线为干绝热线，灰色细短划虚线为湿绝热线，灰色粗短划虚线为混合比线)

具有相同 ML-LFC 的两个环境温度廓线，对于较小直减率，升高源的湿绝热(等湿球位温线)将在较高海拔处与环境温度相交。因此，较小直减率的 LFC 较高(图 4.2)。

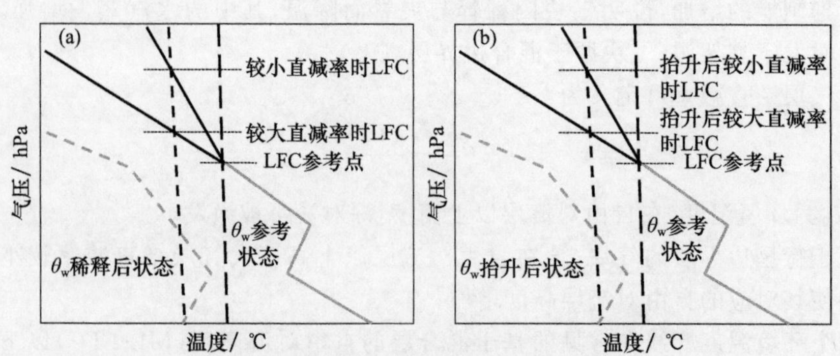

图 4.2　探空 T-ln$p$ 中气块对 LFC 的可能敏感性(Houston et al.,2007)

(a 气块源于充分混合的边界层，b 气块源于抬升层)

4.5　地表特征在对流激发中的作用

地表观测的大气特征主要包括：温度、湿度、风及气压，其与对流的激发密切相关，具体表现如下。

温度：相对较暖的区域可获得更大的自由能，从而为正浮力增加位势，并可减小对流抑制能。其相应的衍生参量则为：自由对流层高度、边界层厚度、对流有效位能、冻结层高度、温度直减率、边界层平均位温、边界层平均等效位温、对流抑制层厚度等。

湿度：当气块的温度相同时，较大湿度气块的抬升凝结高度较低，而到达这一高度后，通过凝结释放潜热，这有利于气块减小对流抑制能，并获得正浮力。具体参量为：可降水量、最不稳定层相对湿度及有效入流层的平均水汽混合比等。

风：近地面区域的辐合将因质量守恒，导致向上的垂直运动，限制对流抑制能并维持气块上升。与其相关的参量则是：500 hPa 垂直运动、自由对流层垂直运动、自由对流层以下高度的垂直运动、平均上坡风、0～6 km 的风切变、边界层风切变及自由对流层风切变等。

气压：近地面区域气压减小可促进低层辐合，并引发向上的运动。

以上气象要素场的变化可用于对流激发的预报。近地面温度与湿度变化原因很多，但其中近地面通量的变化对于对流激发则尤为重要。观测研究表明（Bluestein et al.，1988），云量变化（对地面的遮挡）可产生地表绝热加热梯度，而绝热加热差异可改变局地气压分布，并产生相应的区域性的辐合与垂直运动。对流发展时，由于蒸发冷却，无论降水是否到达地面，都会出现明显的下沉气流，从而有助于在地面形成冷池。而冷池边界是对流形成的重要位置。

4.6　对流的激发与湿度

对流边界层中湿度随高度存在自然的变化。在近地面处，通过地表通量，空气被加热且含水量增加；在边界层内，湿度随高度增大而增大；在边界层顶部，由于边界层与其上部稳定层空气混合，因此其湿度减小而变干，这将导致边界层发展；在边界层发展至最后时，湿度在地面处则减小。在向上与向下对流边界层环流分支中，湿度的差异是边界层顶高相对变化率乘边界层与其顶部稳定层水汽混合比之差及地表湿度通量的函数。

小尺度水汽的变化主要是由边界层夹卷干空气所造成的。若温度、湿度的垂直廓线及地表温度为T_o的加热率已知，假设顶部稳定层的直减率(Γ_{cap})为常数，顶部稳定层的厚度(D)则为：

$$D=\frac{1}{\Gamma_d-\Gamma_{cap}}\frac{dT_o}{dt}\Delta t \tag{4.9}$$

其中：Γ_d为干绝热直减率。

若边界层内空气与顶部稳定层空气的水汽混合比分别为q_{bl}与q_{cap}，则边界层的干燥率为：

$$\frac{dq_{bl}}{dt}=\left[\frac{q_{cap}-q_{bl}}{z_i(\Gamma_d-\Gamma_{cap})}\right]\frac{dT_o}{dt} \tag{4.10}$$

其中：z_i为边界层顶高，该公式中边界层及其顶层的空气密度差异被忽略了。当湿度变化不受大尺度现象影响时，边界层的干燥率便可以通过地面加热率与探空得到。

水汽变化对于对流激发有着重要的作用，特别是边界层水汽的大范围抬升对于对流激发的贡献尤为明显，其通常出现于具有强湿度梯度的干线附近(Parsons et al.，2000)。

Weckwerth 等(1996) 认为，水平对流轴上升与下沉气流的水汽含量差异在 1.5～2.5 g·kg^{-1}，而上升气流支可充分降低自由对流层高度，并减小对流抑制能，从而通过边界层强迫激发对流。Fabry (2006) 发现，水汽变化对于对流抑制能的影响在小于 20 km 的尺度上远大于温度变化对其的影响。

Bodine 等(2010) 利用雷达折射率反演近地面高时空分辨率的水汽特征。雷达折射指数(n)与折射率(N)的关系如下(Bean et al.，1968)：

$$N=(n-1)\times10^6 \tag{4.11}$$

反射率与温度、气压及水汽压的关系如下：

$$N=77.6\frac{p}{T}+3.73\times10^5\frac{e}{T^2} \tag{4.12}$$

其中：p 为气压(hPa)，T 为温度(K)，e 为水汽压(Pa)。雷达折射率是通过雷达和地物杂波目标之间的相位测量反演获得的。

水汽的增加与抬升有助于对流激发。在对流激发分析中，通常气块的温度与混合比是由地面观测所确定的，而雷达折射率的观测则可反映气块在边界层中的混合特征。

雷达折射率的观测表明，小尺度相对较高的水汽变化与湿池的形成密切相关，而湿池出现时间约早于对流激发 45 min(其与边界层有充足的混合时间)。湿池内较高的水汽含量使对流抑制位能减小，并降低了自由对流层高度(减小了对流上升气流变为正浮力所需的距离)，增大了对流有效位能，从而增加了对流激发的潜力。

4.7 深对流激发的近云大气因素

湿的深对流是质量垂直输送与辐射变化的主要因素之一，其对于气候与天气有着显著的影响。深对流云和降水对于气候和局地天气的模拟而言，更是复杂且困难的问题。

云尺度的上升气流与其周围环境的相互作用对于深对流激发有着正反两方面的作用。由于较干的自由对流层通过动力夹卷过程可影响云内的浮力，因此其为积云发展的重要控制因素。上升气流发展过程中，其周围的垂直风切变可能抑制或促进其热状态。风切变和夹卷效应的变化与云内水平横截面的变化密切相关。相对较宽的上升气流更易抵消夹卷的负效应，而环境切变则会促进其发展。然而，相对较窄的上升气流则易受到夹卷而被稀释，且会受到切变的抑制。对流有效位能的垂直分布与地形气流的相互作用对于云尺度对流的激发则有复杂的影响。

近云对流激发的气象判别参量是在各标准高度和与云过程相关的垂直层上计算出来的，这些高度包括：对流层整个高度、自由对流层高度（边界层顶与平衡层之间的距离）、云下层高度（抬升凝结层以下的高度）、云的活动层高度（自由对流层及其以上1.5 km之间的高度）、有效的入流层高度（CAPE>100 J·kg^{-1}，CIN>－10 J·kg^{-1}）、最不稳定气块高度、平均层气块高度（表示上升边界层在大气的最低部分与其周围环境的混合）。

Marquis 等（2023）研究认为，可较好地指示对流激发的因子主要为：背景大尺度垂直运动的强度和深度、低空经向气流分量的量级。近云环境无法将气块充分抬升至自由对流层高度，这对于对流激发是不利的。而经向气流的重要性与山脉周围中尺度气流的重要局部变化有关，也在对流激发过程中发挥着重要作用。

对流激发发生时，夹卷使自由对流层中下部的空气干燥，其最直接的表现就是低层至中层的相对湿度发生了明显的变化。然而，湿度对于对流激发的指示性并不佳。在对流激发时，由近云环境很难预测对流过程的生命期。只有搞清楚其整个生命期中复杂对流尺度过程以及中尺度气流的差异性，才有助于对流生命期的预报。对流单体的宽度和深度与对流抑制层的深度与强度有着密切的关系。

参考文献

BEAN B R, DUTTON E J, 1968. Radio Meteorology[M]. New York: Dover Publications: 435.

BLUESTEIN H B, MCCAUL E W, BYRD G P, et al, 1988. Mobile sounding observations of a tornadic storm near the dryline: The Canadian, Texas, storm of 7 May 1986[J]. Mon Wea Rev, 116:1790-1804.

BODINE D, HEINSELMAN P L, CHEONG B L, et al, 2010. A case study on the impact of moisture variability on convection initiation using radar refractivity retrievals[J]. J Appl Meteor, 49:1766-1778.

COTTON W R, BRYAN G H, VAN DEN HEEVER S C, 2010. Storm and Cloud Dynamics[M]. 2nd ed. New York: Academic Press: 820.

FABRY F, 2006. The spatial variability of moisture in the boundary layer and its effect on convection initiation: Project-long characterization[J]. Mon Wea Rev, 134:79-91.

GRANT L D, HEEVER S C, HADDAD Z S, et al, 2022. A linear relationship between vertical velocity and condensation processes in deep convection[J]. J Atmos Sci, 79:449-466.

HOUSTON A L, NIYOGI D, 2007. The sensitivity of convective initiation to the lapse rate of the active cloud-bearing layer[J]. Mon Wea Rev, 135:3013-3032.

KOROLEV A V, MAZIN I P, 2003. Supersaturation of water vapor in clouds[J]. J Atmos Sci, 60: 2957-2974.

LIU S, LIANG X, 2010. Observed diurnal cycle climatology of planetary boundary layer height[J]. J Climate, 23:5790-5809.

MARKOWSKI P, HANNON C, RASMUSSEN E, 2006. Observations of convection initiation "failure" from the 12 June 2002 IHOP deployment[J]. Mon Wea Rev, 134:375-405.

MARQUIS J N, FENG Z, VARBLE A, et al, 2023. Near-cloud atmospheric ingredients for deep convection initiation[J]. Mon Wea Rev, 151:1247-1267.

PARSONS D, YONEYAMA K, REDELSPERGER J L, 2000. The evolution of the tropical western Pacific atmosphere-ocean system following the arrival of a dry intrusion[J]. Quart J Roy Meteor Soc, 126:517-548.

PETERS J M, HANNAH W, MORRISON H, 2019. The influence of vertical wind shear on moist thermals[J]. J Atmos Sci, 76:1645-1659.

POWELL S W, 2022. Criticality in the shallow-to-deep transition of simulated tropical marine convection[J]. J Atmos Sci, 79:1805-1819.

SØRENSEN J H, RASMUSSEN A, ELLERMANN T, et al, 1998. Mesoscale influence on long-range transport-evidence from ETEX modeling and observations[J]. Atmos Environ, 32:4207-4217.

WANG J, BIAN J, BROWN W O, et al, 2009. Vertical air motion from T-REX radiosonde and dropsonde data[J]. J Atmos Oceanic Technol, 26:928-942.

WECKWERTH T M, WILSON J W, WAKIMOTO R M, 1996. Thermodynamic variability within the convective boundary layer due to horizontal convective rolls[J]. Mon Wea Rev, 124: 769-784.

ZIEGLER C L, RASMUSSEN E N, 1998. The initiation of moist convection at the dryline: Forecasting issues from a case study perspective[J]. Wea Forecasting, 13:1106-1131.

第5章 边界层强迫机制对于对流激发的影响

边界层辐合带的形成往往是对流激发与组织的前兆性因子。低层辐合带通常可以加深水汽层，并创造出利于深对流发展的条件。Purdom(1982)利用卫星图像在深对流发生前，可明确地以浅线性云带给出边界。Wilson等(1986)利用多普勒雷达观测到边界层辐合带，其表现为反射率增强的细线；而80%强对流可在距离边界层辐合带10 km的范围内激发出来。Purdom等(1982)通过对卫星图像的研究认为，美国西南部73%的下午强对流是出流边界触发而形成的；以此方式形成的对流系统通常强度较强，有时甚至会演变成飑线。强对流可在两种性质系统的边界碰撞处激发出来，然而，并非所有的边界碰撞都能激发出对流。Kingsmill(1995)研究海风锋与阵风锋相互作用时认为，当二者边界接近已有的积云时，沿着分离的边界对流更有可能发生；当不同系统的边界发生碰撞时，辐合带的深度便会因为相对较浅的海风锋效应而减小；而已有较小的积云是边界移动的深对流发展的关键因素。本章将针对边界层强迫机制对于对流激发的影响进行分析，具体包括：边界层中控制抬升与对流的因子、边界层结构三维变化对于对流的激发、干线、锋面边界与锋面干线的合并、深对流降水发生前的边界层特征、湿润土壤边界层对于对流的触发作用、阵风锋、水平对流轴、波动潮涌、孤立波、地形与地面效应、海岸与地形效应。

5.1 边界层中控制抬升与对流的因子

卫星图像中边界通常表现为“云线”，而雷达则通过强热力学梯度的布拉格散射和无降水晴朗空气中昆虫的瑞利散射，准确地确定边界的位置(Wilson et al.，1994)。对于对流发展潜力而言，则需要更多热动力特征的观测。Crook(1996)认为，对流激发与低层温度和湿度的垂直梯度量级密切相关；当温度垂直梯度变化1 ℃或低层的湿度梯度变化1 g·kg^{-1}时，对应产生的对流强度则有很大的差异。这些在典型边界层中的关键温度与湿度的变化对于预报对流降水而言是极具挑战的。

除了需获取边界的位置和详细的热动力特征以外，边界抬升的深度与量级同样对于对流的激发和维持十分重要。与边界抬升相关的其中一个重要因子是环境风切变廓线与边界热动力过程的相互作用。有研究认为，强对流的强度、结构及其生命期有赖于环境风廓线和冷池的强度，其控制因子主要为上升气流的方向、冷池引导边缘的上升的强度与深度，以及强对流运动与边界强迫的差异(Parsons，1992)。冷池强度和低层切变对于水平涡度平衡和对流的产生尤为重要(图 5.1)。这样的水平涡度平衡有时是利于两种不同的边界碰撞的，水平涡度平衡可能是深对流发展的必要但并非充分条件。对流的激发对于湿度条件、辐合强度及切变值都是较为敏感的。低层湿度的增加有利于深度流的发展，而边界层辐合的变化将影响对流系统的生命期与基本特征。

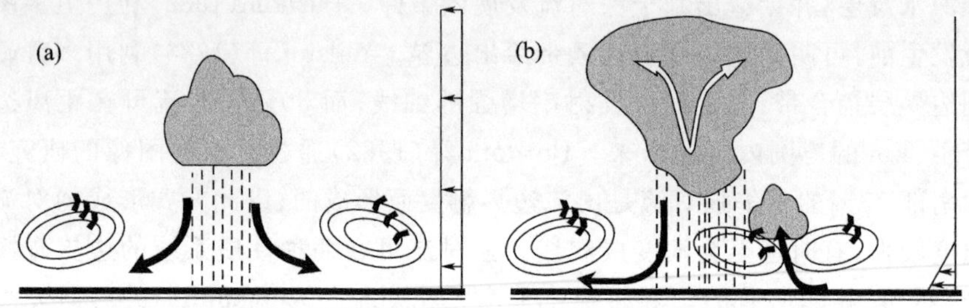

图 5.1　对流演变过程中低层切变重要性的概念模型(Rotunno et al.，1988)
(a 为无低层切变，冷池环流抑制了深垂直抬升和新对流的产生；
b 为低层切变抵消了冷池环流，新单体可以被激发出来)

Wilson 等(1997)给出了有利和不利于对流激发和维持的条件。当阵风锋与对流的主导风高度相同时，则有利于对流的发展与维持；当对流的主导风与阵风锋移动的方向相反时，将使对流远离其低层辐合源，不利于对流的发展与维持。

5.2　边界层结构三维变化对于对流的激发

沿着边界层辐合带上可观测到由切变不稳定驱动的水平波，这些波可改变气旋涡度和冷锋辐合强度。而在涡旋区域间隔存在反气旋，这些反气旋与边界的弯曲或起伏相联系，其对于对流激发有一定的正向作用。

辐合线(气块沿着一条线排列低层辐合区域)是边界层的关键特征，其有利于对流的发展。辐合线的主要产生因素包括地形、地面水汽梯度、加热差异、锋面、阵风锋、粗糙度差异、海陆差异等。

辐合线可利用雷达进行观测，其主要表现为反射率增强的细线或多普勒速度线。有时虫鸟会集中出现在辐合线中，从而使得辐合线的反射率增强明显，而一些晴空回波正是由混合充分边界层内的昆虫所造成的。当昆虫只是被动地随风运动时，就可以利用边界层水平风估算多普勒速度（Wilson et al.，1994）。一些深对流的发展明显与先前已存在的边界层辐合线（可表现为线性排列的浅积云）相关。深对流发展的前兆特征可能是交叉的边界，特别是“弧形云”（先前降水对流的出流边界）或锋面等边界的形成。当深对流在边界层之上移动时，则会加强或变得更具组织性。深对流的激发、组织性及生命期有赖于发展的云与辐合线之间的相对运动，可以通过观测辐合线对深对流进行相应的预警预报。干线就是典型的辐合线，辐合线与边界层内的温度梯度与湿度梯度等相关，其形成与地表特性密切相关。对流的激发与一些特殊的中尺度边界层的强迫机制相关，其主要包括：干线、锋面、阵风锋、水平对流轴、潮涌、地形激发的边界。

5.3　干　　线

干线是分隔暖湿与干热气流的湿度梯度带，其可能为东部湿润层顶部与向西倾斜的地形的交叉点。干线的尺度通常为 500～1000 km，其强湿度梯度分布范围为 1～20 km，其中的上升气流明显，而“次级”干线可能位于较强湿度梯度的东部。与东侧相比，干线以西的白天边界层加热较强，从上方夹卷干空气，会使空气更干。这将增加整个干线的水分分布差异，并增强低层辐合（图 5.2）。

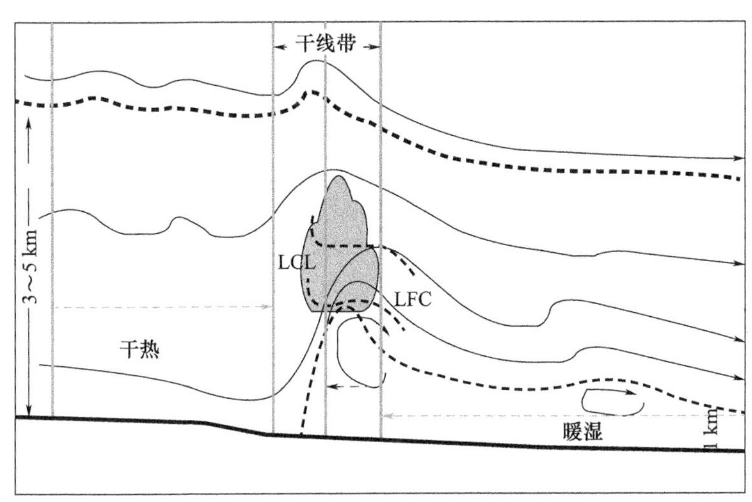

图 5.2　午后干线概念模型（Ziegler et al.，1998）

（干线相对于积云及气流流线的位置，下部黑色实线至上部黑色虚线之间为对流边界层的范围）

强对流发展与较小的对流抑制能、较大的对流有效位能及深对流层风切变对应。当水汽辐合，“次级”干线热环流建立，从而降低稳定度，强对流则沿着干线发展；在湿度较高的边界层，气块在离开中尺度上升区之前，升至抬升凝结层及自由对流层。对流极少沿着整个干线发展，其原因主要有：(1)天气尺度的干线是凸起的；(2)大尺度特征的逆温层覆盖区，有时会触发内部重力波，进而影响对流组织；(3)沿着干线分布的中尺度低压；(4) 边界层环流与干线交叉。

5.4 锋面边界与锋面干线的合并

与冷锋相关的次级环流在中尺度的范围内可产生上升气流，其对于对流激发是有利的。平衡的上升气流可在冷空气前加深低层的湿度层，并产生有利于对流激发的环境。在其进入该环境后，冷锋前 1～2 km 范围内的强局地上升可沿着锋面激发出对流来。

冷锋与干线可能会合并，从而产生强天气(Neiman et al.，1999)。冷锋向干线靠近，从而沿着干线产生锋生环流，进而增强垂直速度，并激发对流。此外，当冷锋与干线合并时，同步形成与其相关的垂直运动，而气块也可以升至自由对流层。在斜压边界与干线的交界处可激发出对流，特别是在冷湿、干热、暖湿的三种空气块相遇时(图 5.3)，三者的交汇处可激发出深对流。通常，阵风锋的靠近会增强干线环流的上升部分，从而形成有利于对流激发的区域。阵风锋及其相关的强上升气流可抬升空气块至抬升凝结层。有时冷锋前引导边界重力流的发展可在地面稳定层前产生潮涌，并沿着锋面激发对流。

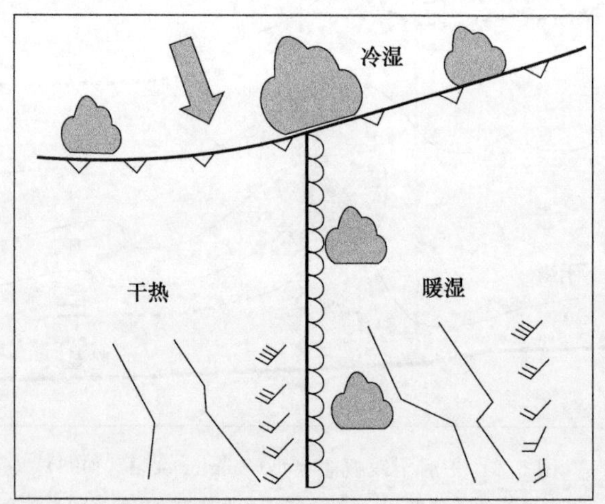

图 5.3　冷锋与干线交叉的概念模型(Weiss et al.，2002)
(斜压边界由冷锋给出，干线则由半圆暖锋给出，大箭头表示平均流场)

5.5　深对流降水发生前的边界层特征

利用雷达可分析晴空的对流及热力结构，雷达回波垂直结构通常呈“倒 U 形”，水平结构则呈“环形”(Harrold et al.，1971)。雷达可探测得到湍流混合与非均质水汽混合热力边界的反射率因子的变化。半幅雷达波长尺度的波动会导致相长干扰，并将该信号返回至雷达，这个过程也称为“布拉格散射”。尽管关于晴空回波的起源有很多的猜测与争论，但是并不是所有的晴空回波都是因“布拉格散射”产生的。由于缺少视觉目标，晴空回波最初被命名为“角度回波”(Hardy et al.，1990)。初始对流通常被限制于浅表层，且其上方存在逆温层，雷达回波特征不明显。在对流的发展阶段，地面加热可破坏逆温层，对流变得更加有组织性，此时，雷达垂直与水平回波分别呈“倒 U 形”与“环形”特征。当晴空对流到达凝结层高度或抬升逆温层高度时，逆温层会限制对流的进一步发展，并使单体“扁平化”，且最终会逐渐减弱而失序，直到单体消失。若气块到达凝结层，积云便可形成。只要逆温层不是太强，其便可被穿透，然后能够发生深层湿对流。Harrold 等(1971)观测到连续的晴空回波层，这些回波以“倒 U 形”聚集于边界层内，范围可达 50～100 km；其中，在数十千米宽的范围内，深对流可持续数小时，而强天气过程主要是由其造成的，且会因地形而被加强。

5.6　湿润土壤边界层对于对流的触发作用

对流触发条件的预报是具有一定挑战性的工作。研究发现，小尺度大气边界层(通常为 1～10 km)对于对流的发展有着重要的作用(Ziegler et al.，1998)。当地表面存在明显的差异时，中尺度环流有可能被激发出来，这与海陆风的形成是相似的。这种差异主要表现于土壤的湿度差异。Eltahir (1998)认为，土壤湿度对于降水进一步增加土壤湿度值具有正反馈作用，其主要假设为土壤湿度的增加将减小反照率与鲍恩比率(Bowen Ratio)，从而增加降水。这一假设中，行星边界层的水分、辐射和温度特征的变化，都会影响大尺度和小尺度环流的增强，从而产生更多的降水。LeMone等(2007)认为，土壤湿度条件会影响潜热与感热交换，其变化可通过中尺度环流对对流性降水产生额外的影响。土壤干燥区域的感热远高于土壤的湿润区域，其中一部分入射能量会蒸发土壤中的水分。

感热的增加将使得干燥土壤表面的温度变得更高，从而使暖空气获得更大的浮力,进而降低地表气压,并在这一区域产生辐合。在土壤湿润的区域,温度较低则会造成空气的下沉与辐散。当自由大气相对较干且分层明显时,在感热较大的区域对流将被激发出来。此外,对流的发展与抬升凝结高度及自由对流层高度的降低密切相关。在土壤湿度较大的区域,LCL 与 LFC 相对较低。

大气边界层条件的差异可激发对流过程,其中,土壤湿度造成的边界层条件差异尤其如此。当土壤湿度梯度较为显著时,中尺度环流则会因此而形成,其强度可接近海陆风的强度。

在对流形成过程中存在明显的天气大尺度与湿度差异中尺度之间的相互作用(图 5.4)。当存在低空急流时,其不仅可以提供水汽,而且可使大气层结变得更加不稳定,从而使对流过程在土壤湿度较小的区域也易于发生。反之,对流过程只会在土壤湿度较大的区域发生。这表明,当天气尺度在对流过程发展中起主导作用时,对流过程的发生则较少依赖于土壤湿度值。在同样的天气背景下,土壤湿度与土壤湿度梯度对于对流的发生有着重要的作用。

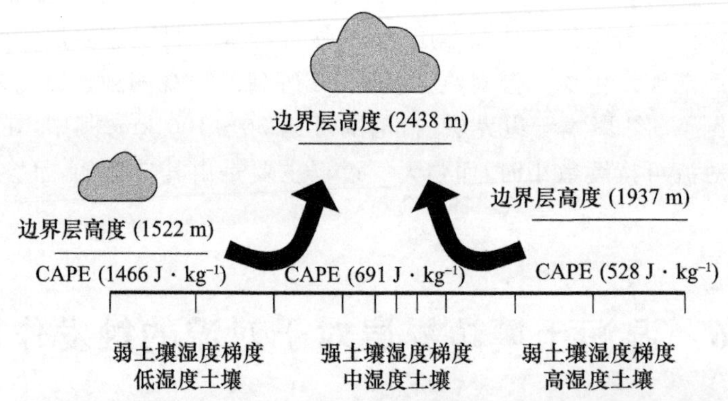

图 5.4　对流活动在低、中、高湿度土壤及弱、强土壤湿度梯度区域对流活动特征(Frye et al.,2010)

此外,夜间稳定边界层较浅,使得近地面层的辐合带较难形成。之所以会发生这种情况,是因为稳定边界层负浮力的减小,降低了潮湿对流下沉气流穿透到地表附近的能力。当夜间潮湿不稳定空气处于稳定边界层之上时,对流便会发生(Blake et al.,2017)。

日落后不久,夜间低空急流也较浅,其最大风速距离地面较近。沿着低空急流末端的水平辐合可导致大尺度的抬升,从而激发夜间对流(Tuttle et al.,2006)。低空急流可有效地向上传输水汽,其对于深对流的发生发展尤为重要。

5.7　阵风锋

强对流降水形成的下沉冷空气在低层形成冷池，其密度与周围空气差异明显。阵风锋是冷空气的出流边界，其对于对流激发有着重要的作用。沿着阵风锋通常可产生波动，而波动与出流边界之间存在相互作用，并对对流的发展有一定的影响。Carbone 等(1990)认为，沿阵风锋 80～150 km 弧形线性回波的顶点对应的地面处较易激发对流。阵风锋与干线或低空急流相互作用后，可沿着阵风锋产生深对流。出流边界首先作为密度流传播，然后演变为内部的波动潮涌，而波动主要位于冷空气出流的顶部。Weckwerth 等(1992)认为，重力内波与 Kelvin-Helmholtz 波影响着较小的对流单体的激发与重组。当天气尺度强迫不强时，冷池对于深对流的预报尤为重要。

5.8　水平对流轴

水平对流轴在边界层对流发生时较易出现，其主要表现为绕水平方向轴的反向旋转旋涡。在对流轴上部的上升气流支上部可形成云。对流轴与云街可延伸至数百千米并持续数小时。对流轴发展与维持的必要条件是地表的热通量、低层风切变，以及地面的一些均一性特征。

辐合区与水平对流轴上升区的交叉区域有利于上升气流的加强与云的形成。如：海风锋与强对流的出流边界相交时，则会激发对流。当水平对流轴与锋面以一个较大的角度相交时，水平对流轴环流受锋面上升气流的影响而向上倾斜，从而在二者的交叉处激发出更强的对流。此外，随着海风锋的拦截，沿着水平对流轴，云层发生周期性的增强。而当水平对流轴与边界近似平行时，锋面则与水平对流轴合并，并会加强锋面。云则会沿着锋面加强处及水平对流轴周期性增强处形成。沿着边界层顶的逆温层传播的重力内波与边界层内部水平对流轴环流之间的相互作用可激发深对流(Balaji et al. ,1988)。

当水平对流轴下沉气流支从逆温层处将干空气向下输送时，其上升气流支则强迫近地面湿空气进入边界层。由于云及强对流形成于水平对流轴上升气流支，因此上升气流中的空气在位势增大的同时，湿的深对流也得以快速发展(图 5.5)。

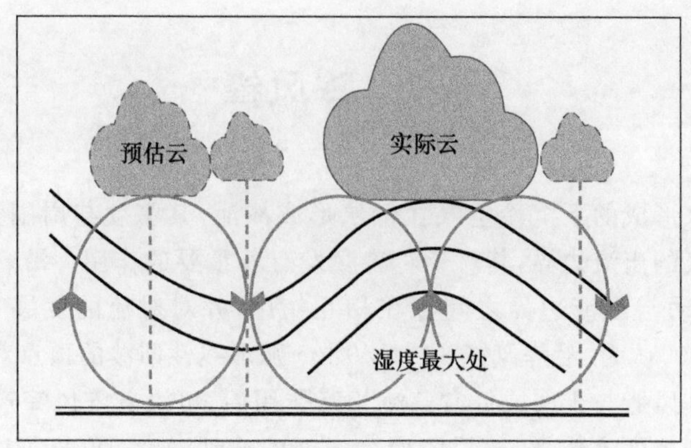

图 5.5　与水平对流轴(灰色环流)相关的
边界层湿度等值线(黑色实线)示意图(Weckwerth et al. ,1996)
(水平对流轴上升气流支顶部的实际云由实线云表示;根据这些云正下方的边界层湿度值
估计稳定性参数,预估的相对云底和深度由虚线云表示)

5.9　波动潮涌、孤立波、地形及地面效应

大气密度流之前及其边界碰撞处可激发出切变、波动潮涌及孤立波。潮涌可引起高空层的“永久”位移,而当一层向上位移,然后返回其原始高度时,就会出现大气孤立波。潮涌也可演变成孤立波。

白天感热通量在各尺度上的显著空间差异性在陆地上是很常见的。如:降水引起的土壤湿度差异、自然地形变化、云量差异或积雪差异,均可引起热环流。Knupp等(1998)认为,云街和地表热通量的变化可激发对流,地表热通量会因云的遮挡与降水而改变。

5.10　海岸与地形效应

海岸线对气流有着明显的影响。当海陆之间的温度差异较大时,就会分别形成相应的海风与陆风环流。陆地之上的空气被加热,从而加大了低压区域的面积与厚度,这造成吹向陆地的冷湿空气流。陆地上空的气团和吹向陆地的气流之间的边界有时会非常明显,进而导致强辐合沿这个边界迅速增强。海风锋与诸如水平对流轴以及不同方向的海岸产生的海风锋之间的相互作用,对于激发深对流都是十分重要的。

海风锋向内陆移动时，通常被认为是重力流(Parker，2000)。当午后对流湍流减弱时，重力流结构则尤为典型。海风锋对于地转风的强度较为敏感。海岸线地表粗糙度变化造成的机械强迫可造成边界层的次级环流。Roeloffzen 等(1986) 给出不同方向地转风条件下与海岸和陆地相关的垂直运动，详见图 5.6。

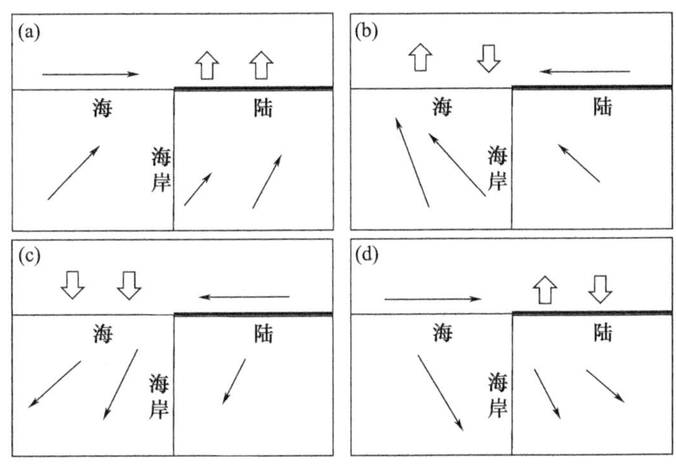

图 5.6　海岸摩擦效应的 4 种基本类型示意图(Roeloffzen et al. ,1986)
(黑色箭头表示气流，空心箭头表示垂直运动；a 和 b 为横截面视图，c 和 d 为平面视图)

当海岸线为南北走向，气流为西南走向时，风速在陆地上减小，引起空气辐合，并在海岸形成上升运动。在更远的内陆，由于摩擦力的增加，风会后退，这也会导致向上运动。当气流为东南走向时，风速在海岸增加，形成辐散及下沉气流。而海上摩擦减小，风向发生变化，从而产生辐合及上升气流。当气流为东北走向时，将在海岸及海上引起下沉。当气流为西北走向时，在海岸会引起上升运动，而在内陆则会造成下沉运动。

参考文献

BALAJI V，CLARK T L，1988. Scale selection in locally forced convective fields and the initiation of deep cumulus[J]. J Atmos Sci，45：3188-3211.

BLAKE B. T，PARSONS D B，HAGHI K R，et al，2017. The structure，evolution，and dynamics of a nocturnal convective system simulated using the WRF-ARW model[J]. Mon Wea Rev，145：3179-3201.

CARBONE R E，CONWAY J W，CROOK N A，et al，1990. The generation and propagation of a nocturnal squall line. Part I: Observations and implications for mesoscale predictability[J]. Mon Wea Rev, 118: 26-49.

CROOK N A, 1996. Sensitivity of moist convection forced by boundary layer processes to low-level thermodynamic fields[J]. Mon Wea Rev, 124: 1768-1785.

ELTAHIR E A, 1998. A soil moisture rainfall feedback mechanism: 1. Theory and observations[J]. Water Resour Res, 34: 765-776.

FRYE J D, MOTE T L, 2010. Convection initiation along soil moisture boundaries in the southern Great Plains[J]. Mon Wea Rev, 138: 1140-1151.

HARDY K R, GAGE K S, 1990. The history of radar studies of the clear atmosphere[C]//Radar in Meteorology. Boston: American Meteorological Society.

HARROLD T W, BROWNING K A, 1971. Identification of preferred areas of shower development by means of high-power radar[J]. Quart J Roy Meteor Soc, 97: 330-339.

KINGSMILL D E, 1995. Convection initiation associated with a sea breeze front, a gust front, and their collision[J]. Mon Wea Rev, 123: 2913-2933.

KNUPP K R, GEERTS B, GOODMAN S J, 1998. Analysis of a small, vigorous mesoscale convective system in a low-shear environment. Part I: Formation, radar echo structure, and lightning behavior[J]. Mon Wea Rev, 126: 1812-1836.

LEMONE M A, CHEN F, ALFIERI J G, et al, 2007. Influence of land cover and soil moisture on the horizontal distribution of sensible and latent heat fluxes in Southeast Kansas duringIHOP_2002 and CASES-97[J]. J Hydrometeor, 8: 68-87.

NEIMAN P J, WAKIMOTO R M, 1999. The interaction of a Pacific cold front with shallow air masses east of the Rocky Mountains[J]. Mon Wea Rev, 127: 2102-2127.

PARKER D J, 2000. Frontal theory[J]. Weather, 55: 120-134.

PARSONS D B, 1992. An explanation for intense frontal updrafts and narrow cold-frontal rainbands[J]. J Atmos Sci, 49: 1810-1825.

PURDOM J F, 1982. Subjective Interpretations of Geostationary Satellite Data for Nowcasting [M]. New York: Academic Press: 149-166.

PURDOM J F, MARCUS K, 1982. Thunderstorm trigger mechanisms over the southeast United States[J]. Amer Meteor Soc: 487-488.

ROELOFFZEN J C, VAN DEN BERG W D, OERLEMANS J, 1986. Frictional convergence at coastlines[J]. Tellus, 38A: 397-411.

ROTUNNO R, KLEMP J B, WEISMAN M L, 1988. A theory for strong, long-lived squall lines [J]. J Atmos Sci, 45: 463-485.

TUTTLE J D, DAVIS C A, 2006. Corridors of warm season precipitation in the central United States[J]. Mon Wea Rev, 134: 2297-2317.

WECKWERTH T M, WAKIMOTO R M, 1992. The initiation and organization of convective cells atop a cold-air outflow boundary[J]. Mon Wea Rev, 120: 2169-2187.

WECKWERTH T M, WILSON J W, WAKIMOTO R M, 1996. Thermodynamic variability within the convective boundary layer due to horizontal convective rolls[J]. Mon Wea Rev, 124: 769-784.

WEISS C C,BLUESTEIN H B,2002. Airborne pseudo-dual-Doppler analysis of a dryline-outflow boundary intersection[J]. Mon Wea Rev,130:1207-1226.

WILSON J W, SCHREIBER W E, 1986. Initiation of convective storms at radar-observed boundary-layer convergence lines[J]. Mon Wea Rev,114:2516-2536.

WILSON J W,WECKWERTH T M,VIVEKANANDAN J,et al,1994. Boundary layer clear-air radar echoes:Origin of echoes and accuracy of derived winds[J]. J Atmos Oceanic Technol,11: 1184-1206.

WILSON J W, MEGENHARDT D L, 1997. Thunderstorm initiation, organization and lifetime associated with Florida boundary layer convergence lines[J]. Mon Wea Rev,125:1507-1525.

ZIEGLER C L, RASMUSSEN E N, 1998. The initiation of moist convection at the dryline: Forecasting issues from a case study perspective[J]. Wea Forecasting,13:1106-1131.

第 6 章 局地高空强迫、山地的风廓线、冷池驱动对于对流的影响与夜间对流激发条件

对流激发受局地高空强迫、山地风廓线及冷池的影响十分明显，而一些夜间对流激发条件则相对较为特殊。本章针对以上问题，具体就局地高空强迫激发的对流单体、山地的风廓线对于对流激发的影响、冷池驱动的对流激发，以及夜间对流激发条件中的低空急流、锋面过境、中尺度对流系统、涌潮/密度流、原发型激发进行具体分析。

6.1 局地高空强迫激发的对流单体

当暖湿空气(较高的湿球位温(θ_w))位于冷空气之下，同时伴随有气旋发展与锋面活动时，这种情况最利于形成降水对流。若稳定层将其下的高θ_w空气与其上的冷空气隔离开来，对流就不能快速发展。对流不稳定能量会随着时间增加而积累。一旦发生地面加热或大尺度抬升，深对流便会被激发。当对流层顶降低使得对流层上部或平流层的干空气下沉并进入对流层中部时，便会形成干侵入，其与低湿球位温区域的形成有一定的联系，而低湿球位温空气位于干侵入之下。干侵入还与对流层高层的最大位涡有联系，其可使前方空气向上运动，后方空气向下运动。高θ_w空气之上的低θ_w空气的平流与最大位涡前方空气向上运动相结合，将有利于深对流的激发。干侵入在卫星图片上表现为水汽的“暗带”，Roberts(2000)认为，深对流与这些“暗带”的出现明显相关，并可被分为“干边缘”型和“内新月”型。前者发生于干侵入的引导边缘，并与斜压区和高空槽涡度相关；后者发生于新月形干旱区的冷空气边缘。

在冷锋系统之前，干的低θ_w空气超越并上升至高θ_w空气之上，便可激发深对流。干侵入的引导边缘移动至地面冷锋之前，在二者之间的区域便为不稳定区域(Browning et al.，1995)。锋面的线性辐合可在对流层低层形成顶部具有稳定层的带状云，而较强的抬升足以突破稳定层，并激发出深对流。稳定层如同限制性的“盖子”，其对于对流有效位能的积累至关重要。若没有这个“盖子”，对流不稳定性就会被过早地释放出来，对流的强度也会因此而大幅减小。“盖子”越稳定，不稳定能量

积累得就越多。“盖子”强度通常也被表述为探空 T-ln$p$ 图中气块与环境温度曲线之间的“负能区”，即：对流抑制能。当暖干空气平流至冷湿空气之上时，便会出现较大的对流有效位能与对流抑制能叠加的情形。

暖“盖子”通常源于较深厚的混合边界层，而混合边界层的发展有赖于感热通量的大小。感热与潜热通量之比，即：鲍恩比率，该值在干旱区远大于湿润区。

感热加热造成的混合层干燥，干混合层的位温与厚度均高于湿混合层（图 6.1），干混合层的厚度有赖于气块在干燥区域停留的时间。

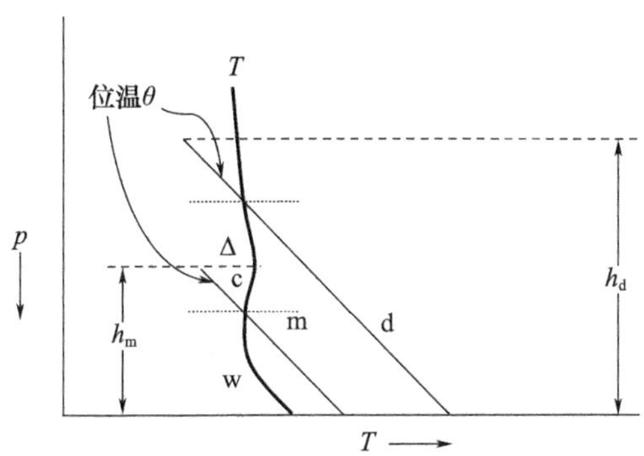

图 6.1　温度分布的热力学图（Carlson，1991）

（T 为初始温度廓线被在湿（m）和干（d）下垫面感热加热后的温度，并产生了不同厚度的等熵层（h_m 及 h_d），c 和 w 分别表示由于混合引起的探空的冷却和变暖，Δ 为湿混合层顶上位温的增量）

当暖干燥空气作为抬升的混合层移动至冷湿边界层之上时，暖干空气可作为“盖子”限制最低层（1～2 km）的小尺度对流活动。当土壤湿度较高时，湿位温在晴天太阳短波加热后迅速增大，湿位温异常增加会破坏限制性的“盖子”，从而激发强对流（图 6.2）。

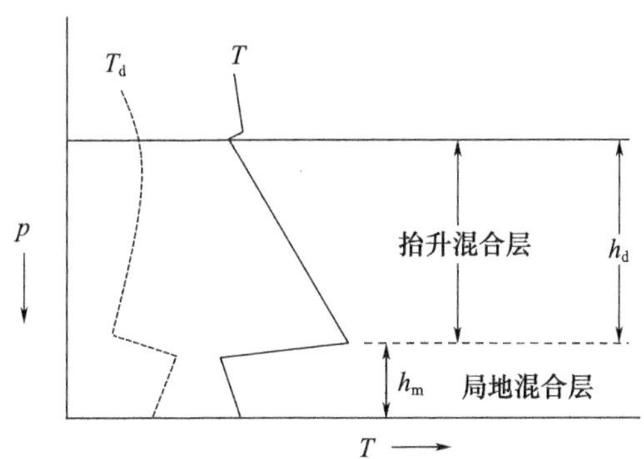

图 6.2　温度分布的热力学图（Carlson，1991）

（暖干层（抬升混合层）叠加在湿层之上，在其底部出现强逆温，形成强对流抑制层）

在限制性的“盖子”下面，不稳定能量不断积累，最终可能在诸如低空急流等的强迫下得以释放。

6.2　山地的风廓线对于对流激发的影响

深对流激发需要满足的条件很多，深对流周围的空气应当是中性或不稳定的层结，同时，湿绝热上升气块需要有足够多的水汽。然而，即使在不稳定的环境中，对流的激发仍需要触发条件。一些区域存在过剩热源，或存在可激发上升运动的辐合气流。在一些具有特殊地形的区域，易于形成辐合，使对流从这些区域激发出来，其中一部分会充分发展形成深对流。对于山地而言，对流的主要激发机制一般包括：(1)地形对位势不稳定空气的强迫并抬升至自由对流层高度；(2)较高地表或斜坡加热空气产生的热环流；(3)地形阻挡效应引起的重力波或山脉下游的辐合气流。在这些机制中，山地地形首先对风场有着明显的影响。Hagen 等(2011) 认为，与 Vosges 山脉(孚日山脉)相关的对流激发有赖于大气气流与地形的相互作用，观测表明，这一区域的对流更多地依赖于风场的特征。可用弗劳德数(Fr)研究气流过山的特性(Smith，1979)，即：

$$Fr=\frac{U}{NH} \tag{6.1}$$

其中：U 是气流的特征速度，H 是山脉的特征高度，N 是气流的 Brunt-Väisälä 频率。Brunt-Väisälä 频率是利用 925～700 hPa 的虚位温垂直梯度来计算的。特征风速可用 850 hPa 的风速，特征高度为 Vosges 山脉的高度。Fr 的大小决定着对流的激发机制。当 $Fr<1$ 时，气流分层稳定，速度较慢且随高度变化，山脉相对较高；气流绕山并分裂，对流通过山脉中升高的热岛激发，最终在热的山脊处辐合汇聚。当 $Fr>1$ 时，气流强、稳定度较低或山脉较低，则气流可越过山脉；Vosges 山脉的地形结构和盛行的风向有助于气流通过山脊和山谷的缝隙，气流通过山脉缝隙流动，仅部分越过山脉，并与背风坡一侧的河谷弱气流或停滞空气相遇，从而激发对流(图 6.3)。

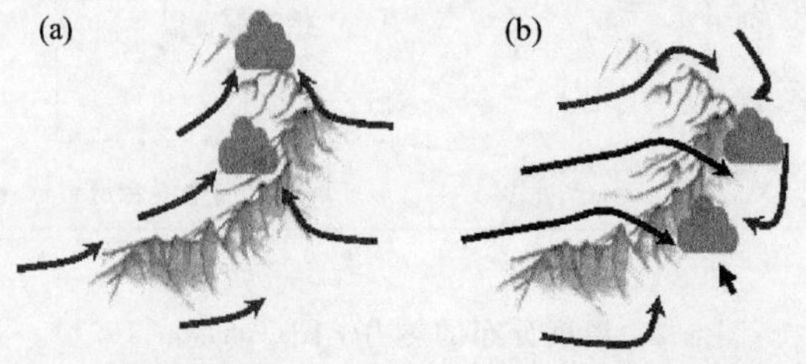

图 6.3　Vosges 山脉的对流“山脊”(a)和“背风” (b)激发机制(Hagen et al. ,2011)

6.3　冷池驱动的对流激发

通常，孤立单体的生命期为 1 h 左右，而有些对流单体在下沉气流与周围空气的共同作用下持续时间会超过 1 h。下沉气流到达地面后，"冷池"空气发展，并向外传播。次级对流通常于辐合线冷池引导边缘处，通过抬升暖性空气激发出来。次级单体倾向于在母单体的附近形成，在系统一侧持续触发，可形成多单体对流系统，持续时间可达数小时。阵风锋与环境气流相互作用，使得单体在同一位置重复产生，从而形成稳定的系统，造成连续性的降水过程。冷池在动力上通常也被称为重力流(类似于海风锋)，其产生的环流取决于重力波速度和冷池的自然速度之间的关系。冷池前进方向上的切变矢量可产生比无切变环境气流更接近直立的阵风锋。这样的条件有利于环境空气抬升和次级对流的形成。与冷池速度移动方向相反的切变矢量可产生较浅的阵风锋，次级对流形成的机会也会因此而减小。

冷池是具有负浮力的大空气团，其源于降水的下沉气流。副云层中降水的蒸发与凝结水相结合产生的负浮力可使下沉气流加速。当这些冷湿空气与地面接触后，便以圆形模式在地面传播开来，并与地面产生强烈的相互作用(Gentine et al.，2016)。其向外的传播通常以阵风锋为引导，造成的抬升可激发新的对流。Weisman 等(2004)认为，与阵风锋冷池浮力梯度相关的水平涡度与背景风切变产生的涡度相互作用，产生近似垂直的上升气流。这种辐合与上升有利于激发对流，从而可加强飑线的传播，其也可称为"机械抬升"。冷池的碰撞对于对流的激发也是十分重要的，特别是两个冷池之间的碰撞可造成上升气流速度的叠加，从而导致强上升气流的产生。三个冷池的碰撞可使非冷池空气困在碰撞的锋面之间，从而导致更强的垂直运动。Tompkins(2001)则给出一种基于浮力驱动的对流激发机制：消散的冷池在其边界处积累来自消亡降水下沉气流的水分，从而通过增加水汽补偿低温对浮力的影响(尤其是原有冷池夹卷的冷空气可能已经耗尽)，以便降低对流抑制能，并激发出新的对流。Torri 等(2015)认为，机械抬升驱动地表附近的垂直运动，而在边界层较高的地方，湿度似乎与垂直加速度有关。冷池的作用是在已经存在的对流附近触发对流，导致对流单体更具组织性，且降水更为集中。由于只有在初始降水事件发生后，冷池才是相关的触发机制，因此冷池也可影响对流的日循环。尤其是在傍晚或夜间，当地面加热等其他机制不强时，冷池触发则会是主导机制。

6.3.1　冷池的识别

利用地表以上最低层的密度位温扰动与降水识别冷池，密度位温扰动的定义如下(Hirt et al. ,2020)：

$$\theta_\rho=\theta(1+0.608\, r_v-r_w-r_i-r_r-r_s-r_g-r_h) \tag{6.2}$$

其中：θ 为位温，r_v 为水汽混合比，r_w、r_i、r_r、r_s、r_g、r_h 分别为液水、云冰、雨、雪、霰、雹的混合比。

通过式(6.3)确定密度位温扰动，θ'_ρ 低于 -2 K 的区域，从而确定冷池区域，即：

$$\theta'_\rho=\theta'_{\rho,0}-\overline{\theta'_{\rho,0}} \tag{6.3}$$

其中：$\theta'_{\rho,0}$ 为初始密度位温扰动，$\overline{\theta'_{\rho,0}}$ 为平均密度位温扰动。

冷池强度则可定义为：

$$I=\mathrm{sign}(b_{\mathrm{int}})\sqrt{2b_{\mathrm{int}}} \tag{6.4}$$

$$b_{\mathrm{int}}=\int_{0\ \mathrm{m}}^{\approx 150\ \mathrm{m}} b\mathrm{d}z \tag{6.5}$$

$$b=g\,\frac{\theta'_\rho}{\overline{\theta_\rho}} \tag{6.6}$$

其中：b_{int} 为 0～150 m 高度的总浮力，b 为浮力项，$\overline{\theta_\rho}$ 为平均密度位温，浮力为正时则符号取正。

6.3.2 冷池边界区域

事实上，对流的激发是其引导阵风锋的热动力或机械抬升造成的，而并非冷池本身作用的结果。然而，有时发现阵风锋并非易事，同时也很难将其与特定的冷池相关联。若利用水平风速或超过阈值的垂直速度判定冷池阵风锋，可能会将海陆风或地形辐合线误认为是阵风锋。由冷池的定义可知，阵风锋位于冷池的外侧。为了避免客观判定阵风锋的困难，可将冷池的边界区域围绕冷池包含阵风锋宽约 25 km 的带定义为冷池边界区域。基于此定义，较大的浮力梯度与强迫的上升运动占了该区域的很大一部分，通过此定义可将热动力抬升包含于其中，其优势在于不必直接定位阵风锋。此外，若出现冷池边界的重叠，则可以判定存在冷池碰撞现象。

6.3.3 对流激发的判定

对流激发与边界层特性(如：阵风锋垂直速度等)密切相关。垂直速度可作为判定对流激发的指示因子。深对流的激发则与迅速产生的云中水成物粒子有关，这些水成物粒子延伸穿过对流层的大部分区域。因此，云水含量随时间的变化与对流激发相关，对流激发则可作如下的定义(Hirt et al. ,2020)：

$$r_w^*=G\left[\sum_{z=2.5\ \mathrm{km}}^{8\ \mathrm{km}}\frac{\partial r_{w_z}}{\partial t}\right]>b_{r_w^*} \tag{6.7}$$

其中：G 为高斯滤波；$\frac{\partial r_{w_z}}{\partial t}$ 为对流层中层云水含量随时间的变化；$b_{r_w^*}$ 为阈值，有赖于

r_w^* 场的 α 百分位，$\alpha=1-f_p$，f_p 为降水格点的相对频率。

6.4　夜间对流激发条件

夜间对流激发的基本条件主要包括：低空急流、锋面过境、中尺度对流系统、涌潮/密度流、原发型激发。

6.4.1　低空急流

(1)低空急流的基本特征

在地面以上数千米范围内(通常在 700 hPa 以下的高度)，源于已有的风暴与低层边界层，尺度大于 100 km。不存在锋面边界，其至少是部分地转。

虽然有时早晨地面风并不大，但是天空中层积云、碎层云及碎积云却在快速移动，这可能正是低空急流存在的直接证据。低空急流在地球上所有的大陆地区各个季节都可以观测到，尤其是在北美洲、南美洲、非洲、大洋洲、亚洲及南极洲都较易观测到。这些区域的低空急流通常在大型山脉的东侧或在海陆温度梯度较大的区域。中纬度地区的低空急流通常发生在夏季。低空急流一般与天气尺度的强迫密切相关，并存在一个较窄的、尺度达数百千米的高速气流带，其有明显的日变化或局地特征。通常，急流的水平与垂直切变都很明显。低空急流的水平范围通常被限制在较小的区域内，或者水平范围较大，但大尺度水平风切变不明显。Blackadar (1957)认为，低空急流发生于白天，夜间则趋于强盛，其最大风速有时是超地转的，其位置可能位于夜间逆温层顶，也可能在地面以上 300～700 m 的高度上。

若忽略摩擦，水平动量方程则为(Haltiner et al.，1957)：

$$\frac{d\mathbf{V}}{dt}=f\mathbf{V}'\times\boldsymbol{k} \tag{6.8}$$

其中：f 为科里奥利参数，$\mathbf{V}$ 为非地转风，$\boldsymbol{k}$ 为垂直方向矢量。

若 v 与 u 分别为沿着急流及其右侧的风，则有：

$$\frac{\partial}{\partial t}\left(\frac{u}{f}\right)+\frac{u}{f}\frac{\partial u}{\partial x}+\frac{v}{f}\frac{\partial u}{\partial y}+\frac{w}{f}\frac{\partial u}{\partial z}=v' \tag{6.9}$$

$$\frac{\partial}{\partial t}\left(\frac{v}{f}\right)+\frac{u}{f}\frac{\partial v}{\partial x}+\frac{v}{f}\frac{\partial v}{\partial y}+\frac{w}{f}\frac{\partial v}{\partial z}=-u' \tag{6.10}$$

对于空间内某一位置而言，非地转风最大的贡献风的局地转向，即：$\frac{\partial}{\partial t}\left(\frac{u}{f}\right)$。对于急流核心及其下游，当$\frac{\partial}{\partial t}\left(\frac{v}{f}\right)>0$ 时，急流风速增大；若考虑摩擦，急流风速则没有

上游侧面减小得快。

低空急流存在明显的水平及垂直风切变，其风切变则有：

$$\frac{\partial V}{\partial n}=\frac{\delta V}{\delta n}-\frac{\partial V}{\partial z}\frac{\delta H}{\delta n} \tag{6.11}$$

其中：$\frac{\partial V}{\partial n}$为风的 V 分量的水平切变，$\frac{\delta V}{\delta n}$为地面上固定高度的切变值，$\frac{\partial V}{\partial z}$为垂直风切变，$\frac{\delta H}{\delta n}$为地形的坡度。

低空急流最大风速为 20～23 m·s^{-1}，夜间对流通常发生于低空急流的东侧，辐合多出现在急流最前端(风速降低的下游处)。地面锋面的温度和湿度平流可破坏锋面冷侧的环境稳定，也可能激发对流。在急流的反气旋切变侧也可产生辐合，这是由于低空急流强度降低后，急流反气旋切变侧的反气旋涡度降低(即气旋涡度增加)，根据连续性方程，辐合上升则会加强。

(2)低空急流形成的机制

① 惯性振荡

通过急流产生的垂直湍流混合对于急流的维持不利，观测发现低空急流在夜晚较强。Blackadar(1957)认为，涡动黏性导致了低空急流的形成。白天行星边界层与地面层耦合，摩擦效应致使风成为准地转的。一旦湍流混合效应减弱，摩擦效应也会明显减弱，夜间逆温浅层之上的风和行星边界层的剩余层与地表层去耦合，从而失去原有的平衡。气压梯度力与科氏力之间的不平衡将使风产生惯性振荡，振荡周期在中纬度地区接近 17 h。在湍流混合停止后，低空急流以这一机制形成。

② 浅斜压性

在一些诸如海岸与冰原带等地表差异较大的区域，感热与潜热通量水平差异明显的区域，会在行星边界层内形成较强低层斜压性，其可以通过较强的地转强迫产生低空急流，并与低层的水平温度梯度平行(Doyle et al.，1993)。若低空急流的发生与“海－冰”边界或海表温度梯度相关联，则其将会较为稳定地维持发展。若相关影响因素有明显的日变化特征，则低空急流也会存在相应的日变化。地形坡度也会造成相应的斜压性。若沿着地形坡温度一致，中午时较高地形靠近地面的空气比较低处的空气热，直到日落时这种情况才会发生变化。当地表辐射冷却发生时，较高地形地表空气的温度将低于较低地形地表空气的温度，该变化将导致地转风的日变化。夜晚时，这一情形则会发生反向变化，地转风随高度变化，并形成急流的垂直风廓线。副热带气旋的发展与演变可产生大范围的低空斜压性，低空急流的形成与其密切相关。

③ 地形效应

复杂地形区域的白天加热形成的山谷风将有利于低空急流的形成。地形特征还可产生与低空急流相联系的低空急流。

④ 等压强迫

一些低空急流的发展与天气尺度的强迫密切相关，特别是低层增加的等压风分量对于低空急流的形成有着明显的贡献(Ucccellini et al. ,1979)。

⑤ 垂直气块的位移

当斜压环境中的气块垂直位移速度超过 30 m・s^{-1}时，低空急流则会发展，气块转变为发展的气旋，气压梯度力则会发生变化。若水平方向的变化并不大，气块通过海岸锋斜压区的过程中，垂直方向的变化会较大。气块垂直位移时，非地转风分量会使气块加速，从而激发低空急流(Ucccellini et al. ,1987)。

低空急流可以向一个区域持续输送水汽，且感热输送也因此而增加。其有时会与高空急流相互叠加，从而增强对流层中的上升运动，其与深对流活动密切相关。较强的低空急流通常是中尺度对流复合体成熟系统的前兆性环境，中尺度对流复合体发展前，低空急流区域中低空辐合、暖平流输送及上升运动均较强(Maddox,1983)。

可转向且水平方向不均匀的低空急流将导致辐合区域沿着其东侧进一步抬升，同时使水汽平流不均匀分布，这些都将使低空急流东侧相对湿度显著增加。持续中尺度上升使得夜间对流上升位置附近对流层低层等熵面出现微弱的向上位移，这一变化特征与垂直温度平流和局部绝热冷却密切相关。局部绝热冷却与水汽的垂直和水平输送可导致水汽的绝对不稳定层的快速发展。低空急流的异质性特征将使风的纬向分量沿着其东侧顶部产生辐合，西南气流与东南气流相遇产生会聚和抬升，从而使夜间对流更易持续发展。具体的概念模型见图 6.4。

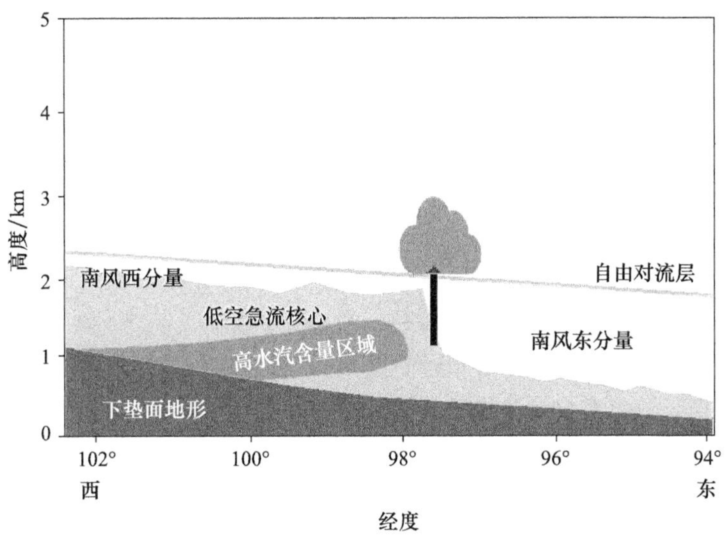

图 6.4　低空急流激发夜间对流的概念模型(Gebauer et al. ,2018)

6.4.2　锋面过境

利用锋生函数($\boldsymbol{F}$)可较好地讨论锋面的基本特征。锋生函数，其相对于局地位温梯度可分解为两个垂直的分量，即：$\boldsymbol{F}_n$与$\boldsymbol{F}_s$，其中，法向分量$\boldsymbol{F}_n$为锋生分量（与Petterssen锋生函数的符号相反），而旋转分量$\boldsymbol{F}_s$平行于局地的等位温线。当$\boldsymbol{F}$由冷区指向暖区（负的）时，局地强迫则利于锋生。在这样的大尺度条件下，水平温度梯度加强，且等熵斜率增大，从而使得边界层增强。相反，当$\boldsymbol{F}$由暖区指向冷区时，则为锋消。与局地位温平行的分量$\boldsymbol{F}_s$可表征绕局地位温梯度的强迫，详见图6.5。锋生可伴随着直接热环流形成，锋生可增强局地的温度梯度，并可打破对流层中的热成风平衡，且直接的地转热环流对于锋生具有正向的贡献。锋面冷侧下沉并被绝热加热，而暖侧则上升并被绝热冷却，这些将会降低锋面的水平温度梯度，从而维持热成风的平衡。

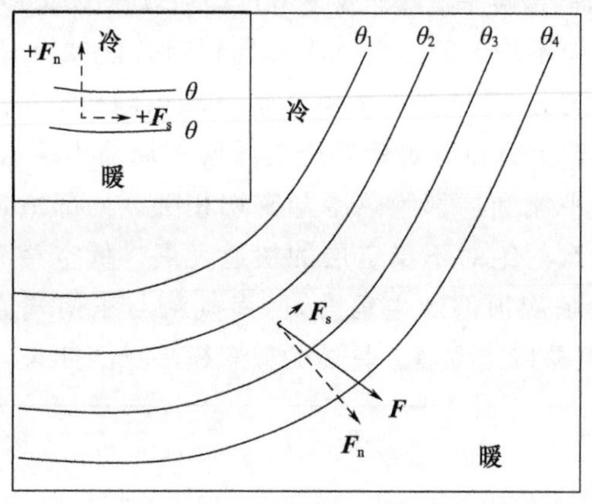

图6.5　锋生函数与等压面的等熵线(Keyser et al.，1988)

近地面空气被抬升至锋面边界之上，常伴有低空急流或低层南风，激发的对流尺度为100～300 km，且通常在冷空气一侧。

锋面过境通常与低空急流同时发生，其主要特征为存在较强的向南运动的气流，即：暖湿空气向北沿着冷锋表面运动。通常，气流存在向南的分量，但没有达到低空急流的标准。锋面过境使得相对湿度增加，且对流抑制能被削弱，同时，气块沿着倾斜的锋面水平和垂直地冷却和输送水汽。激发出来的对流会因锋面和等熵面的坡度，以及低层南向气流的幅度、方向和含水量的不同而不同。这种大尺度的锋面过境将使上升气流因对流层低层锋生引起的直接热循环而局部增强，直接的热环流与高低空急流也有一定的联系，具体的概念模型见图6.6。

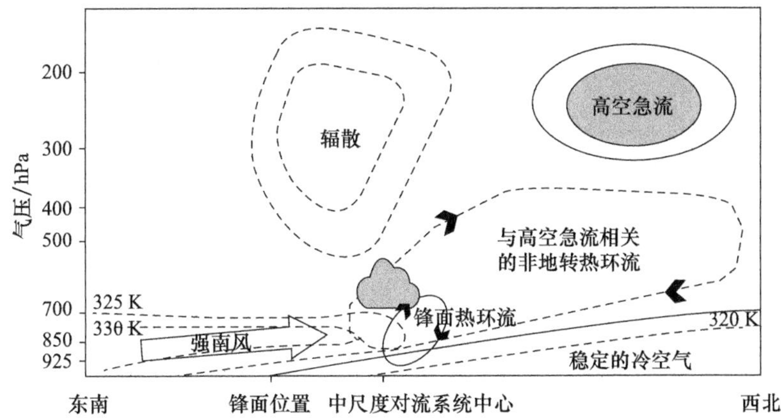

图 6.6　锋面过境激发对流的概念模型(Moore et al. ,2003)

(东南—西北向剖面,短虚线为等位温)

6.4.3　中尺度对流系统

源于已发生的中尺度对流系统,激发的对流处于中尺度对流系统前、后,或与其平行。夜间,对流发生于已有中尺度对流系统附近,其发生的位置包括 MCS 的前面和后面,不同的位置产生夜间对流的机制则有所不同。新产生的对流的结构与取向一般并不清晰。在已有 MCS 附近激发出呈现为“弓”或“箭”形的对流,其通常生命期较长,尺度为 20～200 km,其会形成强风、强降水,甚至龙卷。这些系统最初为弱的组织性单体、飑线,或超级单体等中尺度对流系统。

“弓”形系统的形成与地表风的增强相吻合,“弓”形顶点的风最强。当“弓”形回波强度达到最强时,其一端为气旋性环流,另一端为反气旋性环流,从而最终呈“逗号”形,且仅在左侧维持气旋性的头部。随着对流层中部夹卷和降水下沉气流的出现,在最强“弓”形回波强度内部或后侧将形成冷池。冷空气在“弓”形回波后方近地面较浅层的区域内传播,并沿其边缘形成出流边界。边界层与较暖且密度较低空气辐合,从而形成密度流,进而在其边缘产生升力。沿着出流边界还能够形成额外的对流线。

当西南向的低空急流向北输送水汽与热量时,暖湿空气运动至 MCS 的冷池之上,从而变得不稳定,向北或西北辐合,进而沿着“箭”形区域,或在“弓”形区域之后产生新的对流。沿“箭”形方向的变形和垂直切变可能会影响“箭”形区域内对流的线性结构和方向。这种“弓”或“箭”形的对流系统多发生于边界层后向发展的条件下。

“弓”和“箭”形的对流后部的对流系统通常与冷池呈准垂直方向,并在强烈的

“弓”形回波后上升至冷池上方。“箭”形对流并非均对准“弓”形对流的中间位置，其在不同的过程中存在一定的差异。地表冷池外缘的抬升导致“弓”形深对流的快速发展。当对流有效位能高于 2000 $J \cdot kg^{-1}$，而地面层以上 5 km 垂直风切变达到 20 $m \cdot s^{-1}$时，对流单体则更易形成“弓”弧形排列（Weisman et al.，1988）。单体的“弓”形排列与沿着扩展冷池向下切变对流单体的再生密切相关，“弓”形方向垂直于垂直风切变矢量，“弓”和“箭”形的对流可产生明显的强降水。“箭”形对流多为准静止的，其中的单体成熟后可产生强降水。“弓”和“箭”形的对流是典型的中尺度对流系统，其中的冷池作为主要的边界层，在其边缘也可激发出次生对流。

“T”形对流系统则是在 MCS 传播方向之前有新的对流激发出来，对其准确预报具有较大的难度，其与低空急流北端的强暖平流和中尺度锋生区域密切相关。

事实上，已有中尺度对流系统的微物理过程对于对流的激发也有十分重要的作用，其中，主要包括：蒸发、升华及融化，这些过程会使已有中尺度对流系统云砧下方的温度降低，且湿度增加，这对于新对流的激发是有利的（图 6.7）。

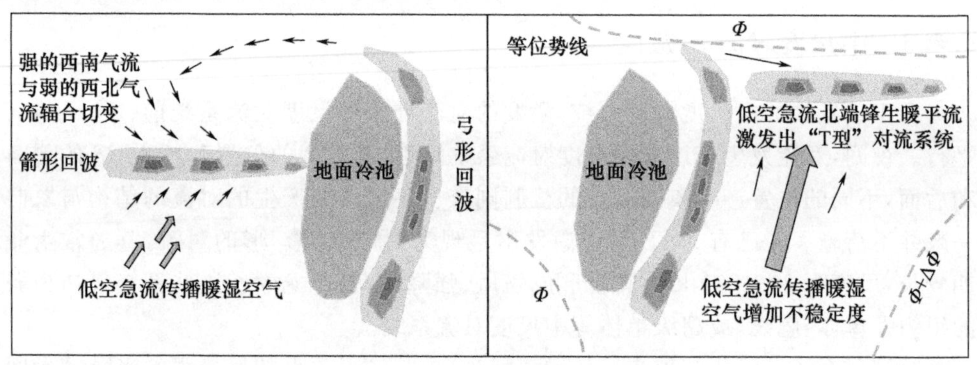

图 6.7　在已有中尺度对流系统附近
发生夜间对流的概念模型（Augustine et al.，1994；Keene et al.，2013）
（大箭头代表低空急流，小箭头代表风向，虚线代表等位势线）

6.4.4　涌潮/密度流

对流可发生于靠近涌潮/密度流的位置处。涌潮和密度流的发生与其过境时的气压快速增加密切相关，然而，地面温度则会随着密度流的到来快速降低，或相对涌潮升高或保持不变。

密度流撞击稳定近地面大气层可以引起夜间涌潮。与此类似的还有孤立波，其也属于涌潮，它们都可以相同的方式产生。涌潮对于夜间对流和中尺度对流系统的激发与维持都有重要的作用。通常，涌潮的发展速度要快于密度流。大气涌潮与稳定边界层厚度的增加相关，其可导致高空冷却和水汽增加，从而降低自由对流层高度与对流抑制能。与涌潮相关的稳定度的减小可维持夜间对流和中尺度对流系统的发展。波动性涌潮发生过程中，气块沿波峰被持续抬升至最大高度。最高处的气块相对于涌潮经历了最明显的抬升，最终到达自由对流层高度（图 6.8）。

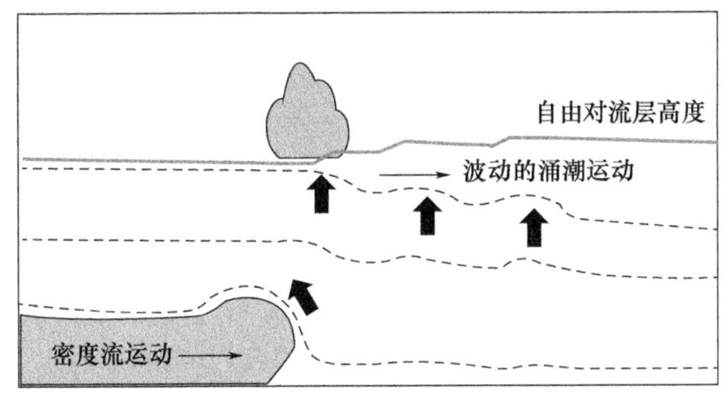

图 6.8　涌潮和密度流激发夜间对流的概念模型（Parsons et al.，2019）
（深灰色阴影为密度流，其与前方的涌潮相联系）

6.4.5　原发型激发

源于非边界层辐合带、锋面、涌潮、密度流或低空急流的所有原发型对流，其附近没有其他类型的对流，持续时间超过 3 h，空间尺度大于 100 km，回波强度大于 40 dBZ。其辐合抬升与持续弱的中尺度上升相关，抬升使得水汽增加，从而使对流不稳定能量增加，对流抑制能与自由对流层高度减小。这种局地对流的发生通常是由对流层低层的重力波所引起的（图 6.9）。

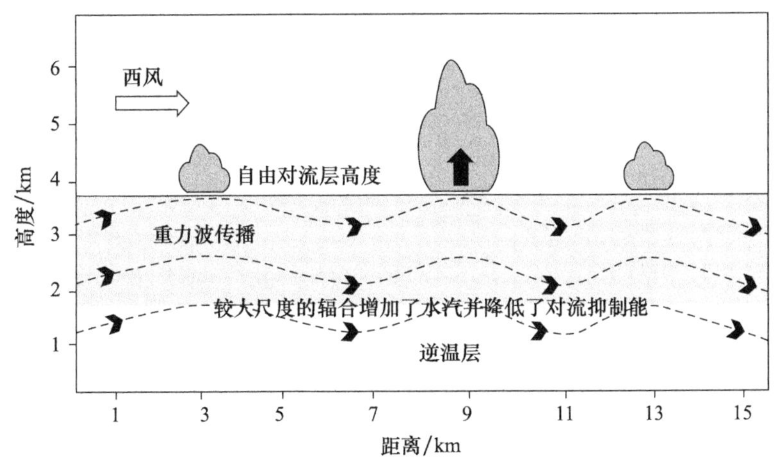

图 6.9　原发型激发对流的概念模型（Wilson et al.，2018）

对于重力波的传播而言，有如下的 Scorer 参数，即：

$$\ell^2=\frac{N^2}{(U-c)^2}-\frac{\mathrm{d}^2U/\mathrm{d}z^2}{U-c} \tag{6.12}$$

其中：$N^2=(g/\theta_v)(\partial\theta_v/\partial z)$，为静力稳定度；$c=6\ \mathrm{m\cdot s^{-1}}$，为波的水平相速度；当$\ell^2<0$时，将抑制重力波在垂直方向的传播。

参考文献

AUGUSTINE J A, CARACENA F, 1994. Lower-tropospheric precursors to nocturnal MCS development over central United States[J]. Wea Forecasting, 9: 116-135.

BLACKADAR A K, 1957. Boundary layer wind maxima and their significance for the growth of nocturnal inversions[J]. Bull Amer Meteor Soc, 77: 260-271.

BROWNING K A, ROBERTS N M, 1995. Use of satellite imagery to diagnose events leading to frontal thunderstorms: Part 2 of a case-study[J]. Meteorol Appl, 2: 3-9.

CARLSON T N, 1991. Midlatitude Weather Systems[M]. London: Harper Collins.

DOYLE J D, WARNER T T, 1993. A three-dimension numerical investigation of a Carolina coastal low-level jet during GALE IOP 2[J]. Mon Wea Rev, 121: 1030-1047.

GEBAUER J, SHAPIRO A, FEDOROVICH E, et al, 2018. Convection initiation caused by heterogeneous low-level jets over the Great Plains[J]. Mon Wea Rev, 146: 2615-2637.

GENTINE P, GARELLI A, PARK S B, et al, 2016. Role of surface heat fluxes underneath cold pools[J]. Geophysical Research Letters, 43: 874-883.

HAGEN M J, VAN BAELEN J, RICHARD E, 2011. Influence of the wind profile on the initiation of convection in mountainous terrain[J]. Quart J Roy Meteor Soc, 137: 224-235.

HALTINER G, MARTIN F, 1957. Dynamical and Physical Meteorology[M]. New York: McGraw Hill: 470.

HIRT M, CRAIG G C, SCHÄFER S A, et al, 2020. Cold-pool-driven convective initiation: Using causal graph analysis to determine what convection-permitting models are missing[J]. Quart J Roy Meteor Soc, 146: 2205-2227.

KEENE K M, SCHUMACHER R S, 2013. The bow and arrow mesoscale convective structure[J]. Mon Wea Rev, 141: 1648-1672.

KEYSER D, REEDER M J, REED R J, 1988. A generalization of Petterson's frontogenesis function and its relation to the forcing of vertical motion[J]. Mon Wea Rev, 116: 762-780.

MADDOX R A, 1983. Large scale meteorological conditions associated with midlatitude, mesoscale convective complexes[J]. Mon Wea Rev, 111: 1475-1493.

MOORE J T, GLASS F H, GRAVES C E, et al, 2003. The environment of warm-season elevated thunderstorms associated with heavy rainfall over the central United States[J]. Wea Forecasting,18:861-878.

PARSONS D,HAGHI K,HALBERT K,et al,2019. The potential role of atmospheric bores and gravity waves in the initiation and maintenance of nocturnal convection over the Southern Great Plains[J]. J Atmos Sci,76:43-68.

ROBERTS N M,2000. The relationship between water vapour imagery and thunderstorms[R]. Reading:Joint Centre for Mesoscale Meteorology,Internal Report No. 110.

SMITH R B,1979. The influence of mountains on the atmosphere[J]. Adv Geophys,21:87-230.

TOMPKINS A M,2001. Organization of tropical convection in low vertical wind shears:The role of cold pools[J]. J Atmos Sci,58:1650-1672.

TORRI G,KUANG Z,TIAN Y,2015. Mechanisms for convection triggering by cold pools[J]. Geophy Res Letters,42:1943-1950.

UCCCELLINI L W,JOHNSON D R,1979. The coupling of upper and lower tropospheric jet streaks and implications for the development of severe convective storms[J]. Mon Wea Rev,107:682-703.

UCCCELLINI L W,PETERSEN R A,BRILL K F,et al,1987. Synergistic interactions between an upper-level jet streak and diabatic processes that influence the development of low-level jet and a secondary coastal cyclone[J]. Mon Wea Rev,115:2227-2261.

WEISMAN M L,KLEMP J B,ROTUNNO R,1988. Structure and evolution of numerically simulated squall lines[J]. J Atmos Sci,45:1990-2013.

WEISMAN M L,ROTUNNO R,2004. "A theory for strong long-lived squall lines"revisited[J]. J Atmos Sci,61:361-382.

WILSON J W,TRIER S B,REIF D W,et al,2018. Nocturnal elevated convection initiation of the PECAN 4 July hailstorm[J]. Mon Wea Rev,146:243-262.

第7章 人类活动对于对流的影响及极端天气事件与对流

一方面，人类作为地球上最活跃的主体，通过工农业生产、交通运输及生活能源消耗等产生了大量的气溶胶，气溶胶对天气与气候都有重要的影响。另一方面，人类活动通过人口迁移、经济发展、基础设施建设，使得城市化进程不断加快。气溶胶与城市化对于对流都有十分明显的影响。在气候变化的背景下，地球上极端天气频发。在这些极端天气中有着与对流密切相关的极端降水事件。本章将重点分析气溶胶对于对流的影响、城市化对于对流的影响，以及极端天气事件与对流。

7.1 气溶胶对于对流的影响

气溶胶，无论是自然还是人为产生的，都会直接吸收或散射太阳辐射，此为气溶胶的直接效应。此外，气溶胶可间接地改变云的特性和降水过程，此为气溶胶的间接效应。具体如下。

气溶胶的第一(Twomey,1974)与第二(Albrecht,1989)间接效应对于较小的云滴、光学厚度较小的云，以及降水抑制等的影响已经开展了大量研究。其中，前者含义是:污染造成的云凝结核增多会导致云层反射的太阳辐射增加。由于增加了人造云凝结核，云层对太阳能的反射可能已经增加。对于薄云而言，云的反照率与光学厚度成正比。当云凝结核数量增加时，光学厚度增加。虽然变化很小，但对气候的长期影响可能是深远的。后者的含义是:海洋上空气溶胶浓度的增加可能会通过减小毛毛雨来增加低空浑浊量，毛毛雨是一个调节液态水含量和浅海云层能量的过程，由此产生的全球反照率的增加将是由于与液滴尺寸减小相关的反射率增强而导致的，并将有助于地球表面的冷却。

气溶胶浓度的变化与复杂气象条件密切相关，液水含量增加与气溶胶浓度的增大、减小和不变都可能建立相应的联系。

云凝结核浓度的增加可使层积云通过毛毛雨与湿度效应减小其中的含水量(Lu et al.,2005)，也可通过增强夹卷，使得暖积云的云量减少(Jiang et al.,2006)。当气溶胶背景浓度相对较低时，浅积云的云分数可能只会随着气溶胶浓度的增加而增加

(Xue et al. ,2008)。

虽然受污染的积云产生的降水较少,但由于收集过程更有效,雨滴可能更大(Storer et al. ,2010)。气溶胶不仅可影响深对流云的微物理特性,而且对于深对流的动力与随后对流的发展都有明显的影响。

对流对气候系统的许多相互作用和反馈机制都很重要,其是降水产生与地球能量收支平衡维持的关键因素。对流可调节大尺度环流、热力结构,以及大气的热平衡。外部强迫对对流造成的任何变化都可能对大气和全球产生重大影响。此类外部强迫中的非洲撒哈拉沙漠或亚洲沙尘的传输造成的气溶胶浓度增强对对流影响尤为显著。

气溶胶可通过直接吸收或散射太阳辐射,或间接地改变云的特性或降水过程(从而影响云辐射反馈)来影响气候。后者也称为气溶胶的间接效应,定量分析该效应存在较大的不确定性,其对于热带对流的影响尤其如此,需深入分析云凝结核对于热带对流云动力与微物理的影响。

7.2　城市化对于对流的影响

Haberlie 等(2015)研究表明,在城市化的过程中,与周围的乡村比较而言,孤立单体雹暴更易发生于城市区域。在湿润热带区域,人为造成的下垫面的改变将导致更多孤立单体雹的发生。在大城市的下风方区域,也会出现较多的孤立单体雹暴。此外,工作日比周末发生的孤立单体雹暴多,这表明城市较高的气溶胶浓度水平使得孤立单体雹暴显著增加。

城市化是地球上土地利用方式改变最典型的例子,其还伴随着高强度人类活动气溶胶的排放。尽管目前地球上城市面积的占比仅为1.2%,但是全球范围内城市面积、密度与人口都在快速增加,而在未来的几十年内地球上的城市化率仍会快速增长。

在分析城市环境对于地球系统的影响时,需回答以下问题:

(1)土地利用及其地表类型与天气和气候有关吗?

(2)气候变化是如何影响土地利用和地表特征的?土地利用和地表类型变化对气候的潜在反馈作用是怎样的?

(3)大城市的一次和二次污染物以及大尺度非城市排放(如农业、生态系统等)对全球大气成分有何影响?

(4)城市增长所产生的大气成分及其相关过程对地球系统脆弱性影响有着怎样的作用?

地球系统大气、海洋、陆地及生物圈相互作用与耦合，对城市天气与气候产生着重要的影响，详见图 7.1。

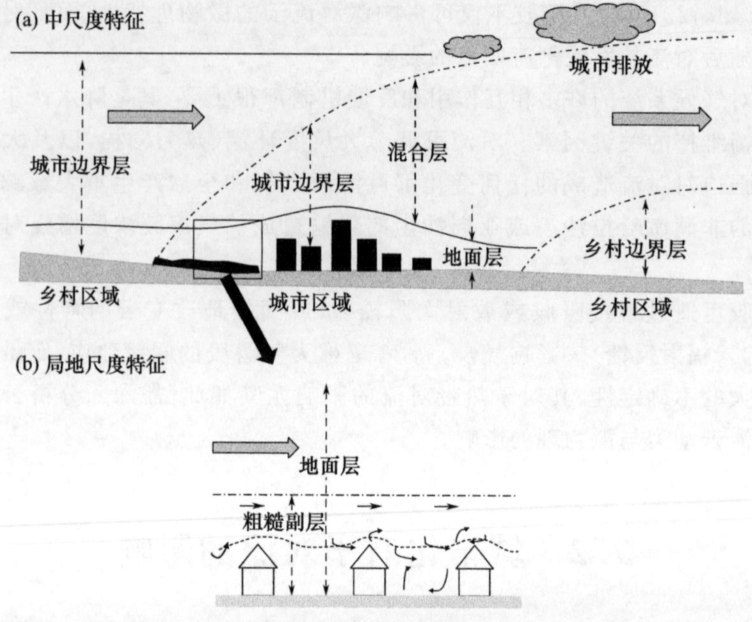

图 7.1 城市环境系统（Oke,1987）

城市化对于天气和气候都有明显的局地性影响，对这种影响的研究多数集中于温度与降水变化（Hale et al.，2008；Liu et al.，2019）。除此之外，城市化对于雹暴也有着重要的影响。城市区域可改变下垫面过程。

对于城市区域而言，其温度高于周围乡村区域，存在明显的“城市热岛”（UHI）效应，通常热岛强度与城区面积呈正相关。

对于城市热岛而言，其能量平衡方程如下：

$$Q_{SW} + Q_{LW} + Q_{SH} + Q_{LE} + Q_G + Q_A = 0 \tag{7.1}$$

其中：Q_{SW}为短波净辐射，Q_{LW}为长波净辐射，Q_{SH}为地表感热通量，Q_{LE}为潜热湍流通量，Q_G为地面热传导，Q_A为人为热通量。等效地面温度要求该方程是平衡的。若在地表面，没有热量的储存积累，该式中一项或多项水平梯度则会造成热量差异。

与地面以上热力学和层结相关联的平衡温度的空间梯度，将主导热力强迫系统向上或向下的热通量，从而产生驱动中尺度环流所需的水平温度梯度。

城市中，人工地表面代替了自然地表面。城市地表面结构复杂，且粗糙度大、反照率小，其可使城区存贮更多的太阳辐射能，从而转变为感热，温度升高；并形成湍流，产生城市热岛辐合带，进而激发出雹暴。

城市下垫面可影响感热与潜热通量及土壤湿度等，受其影响，在城区与下风方向区域可形成更多的雹暴（Haberlie et al.，2015），这种变化与城市化前存在较大的差异(Niyogi et al.,2011)。

城乡下垫面的差异有利于形成激发对流的中尺度边界层，城市景观可通过改变温度、降水量，来改变区域气候。

城市区域还可能改变天气的传播特征。锋面移至城区前半程时，移速会减慢；移至后半程时，UHI会明显影响水平气压梯度力，从而使天气系统的移速加快(Loose et al.,1977)。由于城市存在屏障效应，天气系统移至城市区域时还会产生分叉和绕行(Guo et al.,2006)。在城市化过程中，城市人口增长与工业活动使得污染气溶胶浓度增大，从而通过气溶胶与云的间接效应激发城市下风方区域的降水过程(Fan et al.,2018)。气溶胶可通过以下途径激发深对流云和降水的产生，这些途径主要包括：气溶胶可抑制暖云过程，使得大量云水进入冻结层以上高度，发生冷云过程形成冰相粒子，并释放潜热，即"冰相激发"(Rosenfeld et al.,2008)；气溶胶有助于形成大量的小液滴，液滴表面积的增大将使凝结潜热增大，即"液相激发"(Lebo,2018)。在城市下垫面与气溶胶效应的共同作用下，地闪可能会在城区明显增加(Kar et al.,2019)。城区降水量增加是下垫面差异引起的动力抬升与气溶胶间接效应共同作用的结果。冰雹形成的宏微观物理过程复杂，研究城市下垫面与气溶胶因素对于冰雹形成的作用是具有挑战性的工作。在模式模拟过程中，准确的模拟要求云微物理参数化方案较为先进。对于气溶胶的间接效应而言，典型的整体微物理参数化方案在模拟气溶胶对于对流强度的影响时具有一定的局限性。WRF-Chem(包含化学过程的天气研究与预报模式)则采用了分档微物理方案(SBM)，可较好地模拟气溶胶的间接效应及化学过程。尽管WRF-Chem-SBM模式计算需耗费较大的计算机算力，但是其可以模拟出更具代表性的云微物理过程及气溶胶的间接效应。

Lin等(2021)的模拟研究认为，对流及降水会因湿度的偏差而产生偏差，这可能与在实际模拟过程中湿度较难调整有关。模拟过高的反射率则与较粗的瑞利散射假设有关，冰相粒子的反射率实际上与粒子尺度的四次方相关(Ryzhkov et al.,2019)。过冷液滴对于冰雹的形成尤为重要。过冷液滴的特性主要包括：质量、数浓度及尺度，云中冰雹质量和尺度的增加与其中过冷液滴质量和数浓度的增加密切相关。通常，对流增强可使更多的液滴核化，从低层传输更多的过冷液水到冷云中，从而增加过冷液滴的质量及数浓度，这有利于冰雹的形成。同时，强上升气流可托举或维持大冰雹重新进入上升气流，使其增长至更大的尺度。对于城市气溶胶而言，其有助于更多的液滴发生核化，从而抑制暖云过程，进而增加过冷液滴的质量与数浓度。

城市下垫面与其气溶胶效应相较而言，前者对于对流强度、过冷液滴质量、数浓度和尺度，以及降落至地面的冰雹都有更大的影响。然而，二者相结合后，对于对流强度、过冷液水及冰雹发生的作用则会被放大。

冰雹的形成通常是从冰相粒子上液水的凇附及液水的异质冻结形成雹胚开始的。在城市下垫面与其气溶胶效应的共同作用下，雹胚形成速率将增大。气溶胶效应仅通过液滴的冻结增大雹胚形成速率,而不会通过淞附对其产生影响。然而,液滴冻结产生雹胚的速率一般较低,因此,雹胚更多是通过冰相粒子淞附所形成的,气溶胶效应对于雹胚数浓度和尺度的贡献并不明显。当雹胚形成后,其增长主要是通过收集过冷水的淞附过程实现的。大量过冷液滴的存在对于冰雹的增长是有利的,而较强的上升气流可抬升和托举大冰雹,从而增加冰雹在上升气流中循环增长的机会。冰雹重新进入上升气流,与液滴相互作用,使得冰雹在循环增长的过程中长大。城市气溶胶效应可增大雹胚的淞附速率,这使得雹胚反复收集过冷液水,增长为冰雹的概率增大。气溶胶的"冰相激发"与"液相激发"增大了上升气流的体量,而循环增长以外的雹胚与冰雹尺度相对较小,这使得气溶胶浓度的增大增加了冰雹再次进入上升气流的机会。事实上,气溶胶存在云相互作用和辐射相互作用(Fan et al.,2018),即 ACI 和 ARI。在冰雹形成的过程中,ACI 可能起着主导作用,ARI 对冰雹增长的贡献则可能是负的(黑炭与沙尘类可使低层大气温度升高和变干,从而使大气层结趋于稳定(Koch et al.,2010))。

城市下垫面可以改变雹暴的激发与传输路径,但气溶胶对其的影响则似乎是可以忽略的。由于城市下垫面的影响,较强的雹暴可在城市下风方区域被激发出来,这与更大的低层加热和更大的城乡下垫面差异导致的更强的湍流相关。对流云被激发后,其在传播的过程中与强湍流作用(辐合与辐散耦合)后被加强。城市下垫面可在城区引发强辐合,并在城乡边界处将雹暴系统引向城区,雹暴经过城市将城市气溶胶吸入系统。雹暴的移动路径与城市下垫面效应增强雹暴相关的冷池传播的速度加快,可能会进一步影响雹暴路径(图 7.2)。

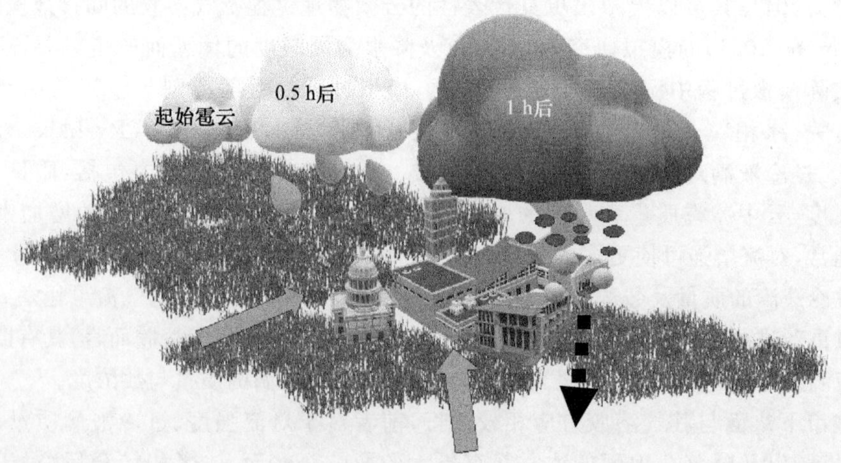

图 7.2　城市化对于雹暴的影响(Lin et al.,2021)

(城市下垫面效应激发出更强的雹暴,低层加热和明显的城乡下垫面差异引发的强湍流与雹暴相互作用使其强度更强,城市下垫面改变了雹暴的传播路径(按虚线箭头方向运动),将其引向城区;城市下垫面与气溶胶效应导致更大的冰雹产生(实线箭头为风向))

在城市下垫面与其气溶胶效应的共同作用（特别是二者之间的相互作用）下，强雹暴的发生概率增大，且两种效应被明显放大。城市化使雹暴强度增强，这与雹暴中大量的过冷液水使雹胚经过数次凇附而长大相关。

气溶胶对于冰雹的影响主要是通过 ACI 实现的，在该过程中，凝结与冰相粒子的形成过程（凝华、凇附和冻结）提供了大量的潜热，从而增大了对流上升气流的强度。液滴数浓度的增加及 ACI 抑制暖云过程将进一步增加过冷液滴的数量。

城市气溶胶对于雷电活动也有着明显的影响（Kar et al. ，2019）。高气溶胶浓度在液水充足的强对流上升气流中有助于形成大量的小液滴，从而抑制了小液滴的尺度，阻碍了暖云中的碰并过程。因此，液水在到达混合相冷云区域后，会参加云微物理过程，而增加云的浮力，并加快云中的电荷分离，进而产生更多的雷电。

7.3　极端天气事件与对流

IPCC（政府间气候变化专门委员会）将极端天气事件定义为：在一年中的特定地点和时间罕见的天气事件（Seneviratne et al. ，2021）。该定义将极端描述为"在变量观测值范围的上限（或下限）附近，天气或气候变量的值高于（或低于）阈值"。极端天气事件对于社会、经济都有巨大的影响，且气候变化可加大极端天气事件发生的频次。极端天气事件是在特定背景下产生的，其季节性或年际平均值可能是"极端的"。

最常见的极端天气或气候变量是温度与降水量，极端温度变化与极端降水事件的加强可能是气候变暖所产生的直接结果。在变暖的气候条件下，可形成更多的极端高温事件。而与此同时，变暖的空气中可含有更多的水汽，从而导致更多的与对流密切相关的极端降水事件，也可为加强这些极端事件提供更多的能量。

7.3.1　极端降水事件

极端降水事件是典型的对流天气过程形成的，此类降水量在很多地区的总降水量中所占的比例越来越高（Gleason et al. ，2008）。极端降水事件的加剧是人类对气候系统影响的必然结果。

气候学上主要是通过分析 AO 指数（北极涛动指数）、NPO 指数（北太平洋涛动指数）、PNA 指数（太平洋-北美型指数）、MJO 指数（马登-朱利安振荡指数）及 ENSO 指数（厄尔尼诺-南方涛动指数）与极端降水之间的关系，来预测其出现的概率。

典型的极端降水事件通常是在大尺度天气系统与中尺度天气过程的共同作用下产生的，同时，也可能与地形对降水的增强机制有关，这通常被称为"播撒-饲养"机制。在这些过程中，来自气旋上层云（播撒云）的降水穿过覆盖山丘或小山的下层中尺度地形层云(饲养云),从而在其下的山丘上产生比附近平地上更强的降水。

虽然这种降水机制不会明显改变与气旋相关的总降水量,但它可以重新分配降水,并将其集中在特殊的地形区域。该过程的有效性取决于足够强的低空湿流,以保持地形补给云中的云水含量和播撒云中降水的持续可用性。低于 1 km 高度的湿空气质量可能是与地形降水相关的水汽辐合的关键要素(Neiman et al.,2008)。

准确地预报极端降水的位置、时间及降水量是较困难的,对其的预报主要聚焦于分析过量水汽流入事件区域的特征与机理。目前,学术界认为大气河是水汽传输的重要媒介(Gershunov et al.,2017),因此,识别大气河是分析极端降水事件水汽传输的有效方法。为了更好地分析大气河,引入积分水汽传输(Neiman et al.,2008),即 IVT:

$$\mathrm{IVT} = -\frac{1}{g}\int_{1000\ \mathrm{hPa}}^{200\ \mathrm{hPa}} (q \times \boldsymbol{V}_{\mathrm{h}})\,\mathrm{d}p \tag{7.2}$$

其中:$\boldsymbol{V}_{\mathrm{h}}$为水平风,$q$ 为比湿,g 为重力加速度。

大气河是极端降水的主要驱动因素。在分析极端降水事件中,具体方法可能如下:(1)IVT 大于该区域 85%的给定值(如大于 100 $\mathrm{kg \cdot m^{-1} \cdot s^{-1}}$);(2)平均大气河 IVT 方向矢量须在大气河方向的 45°以内(且具有"可感知"的极化分量);(3)大气河的长度须大于 2000 km(且长宽比大于 2)。每个被识别的大气河都有一个轴(即:沿大气河中心的点,与大气河相关的异常高 IVT 值区域)。

识别低层暖湿空气常用的方法是利用卫星资料计算总水汽柱含量(TCWV)。

高 TCWV 与冷锋前的强低层风将加强水汽的输送(Lavers et al.,2012),水汽轨迹分析表明,大气河并不代表真实的水汽传输轨迹(Bao et al.,2006),其可能代表被称为暖输送带的温带气旋水汽走廊的瞬时位置,其多出现于冷锋引导边界附近。在大气河事件期间,北半球由南向北长距离输送的水汽会增强,副热带绝大多数的降水是局地或附近水汽蒸发的结果。由热带向副热带传输的水汽,通常会出现在边界层之上,并对对流层中层贡献明显。高 TCWV 的前端通常与温带气旋移动的暖湿传输带相关,且水汽辐合显著。

水汽可由海洋表面蒸发形成,在边界层内向暖气流传输带底部长距离输送。边界层拖拽与大尺度非地转气流强迫造成的水平辐散将水汽向外输送,这使得环境大气无法达到饱和,从而维持了强烈的蒸发。这是一个贯穿整个生命周期的持续过程,可确保暖气流传输带气流底部始终含有水分(Boutle et al.,2011),因此,在这一过程中并未消耗预先存在的高 TCWV 带中的水汽。可通过增加冷锋前积累的水汽来维持前端的高 TCWV 带。大气河不仅与低纬度水汽的输送有关,而且也与副热带气旋密切相关。

7.3.2　水汽的收支

为了确定大气中高 TCWV 带形成的相对重要性,需计算气旋系统中每个格点水汽柱收支，其可由式(7.3)给出(Dacre et al.，2015)：

$$P-E=-\frac{1}{g}\int_{p_{500}}^{p_s}\frac{\partial q}{\partial t}\mathrm{d}p-\frac{1}{g}\int_{p_{500}}^{p_s}\nabla\cdot(q\boldsymbol{u})\mathrm{d}p \tag{7.3}$$

其中：P 为地表降水通量($\mathrm{kg\cdot m^{-2}\cdot s^{-1}}$)，$E$ 为地表蒸发通量($\mathrm{kg\cdot m^{-2}\cdot s^{-1}}$)，$g$ 为重力加速度($\mathrm{m\cdot s^{-2}}$)，q 为比湿($\mathrm{kg\cdot kg^{-1}}$)，t 为时间(s)，$\boldsymbol{u}$ 为水平风矢量($\mathrm{m\cdot s^{-1}}$)，$\frac{\partial q}{\partial t}$ 为水汽柱变化率。

积分从地面至 500 hPa，水汽通量辐合项可分解为以下两项，即：

$$-\frac{1}{g}\int_{p_{500}}^{p_s}\nabla\cdot(q\boldsymbol{u})\mathrm{d}p=-\frac{1}{g}\int_{p_{500}}^{p_s}\boldsymbol{u}\cdot\nabla q\mathrm{d}p-\frac{1}{g}\int_{p_{500}}^{p_s}q\,\nabla\cdot\boldsymbol{u}\mathrm{d}p \tag{7.4}$$

其中：$\frac{1}{g}\int_{p_{500}}^{p_s}\boldsymbol{u}\cdot\nabla q\mathrm{d}p$ 为水汽水平平流的垂直积分，$\frac{1}{g}\int_{p_{500}}^{p_s}q\,\nabla\cdot\boldsymbol{u}\mathrm{d}p$ 为水汽质量加权辐合的垂直积分。

通常，在冷锋之后，水汽从海面蒸发，其在气旋的整个生命期中对其总水汽含量都有明显的贡献。随着降水从大气中损失的水汽超过通过蒸发或水汽汇聚获得的水汽，气旋综合水汽总量在其整个生命周期中都会减少。

在气旋演变的最快阶段，水汽进出系统的辐合可以忽略不计，这表明当其向北移动时，水汽实际上是从系统中输出的，在气旋之后留下了水汽。随着冷锋以气旋方式向暖锋移动，导致暖区变窄，水汽沿冷锋发生局部辐合，从而形成高 TCWV 带。

参考文献

ALBRECHT B，1989. Aerosols，cloud microphysics，and fractional cloudiness[J]. Science，245：1227-1230.

BAO J W，MICHELSON S A，NEIMAN P J，et al，2006. Interpretation of enhanced integrated water vapor bands associated with extratropical cyclones：Their formation and connection to tropical moisture[J]. Mon Wea Rev，134：1063-1080.

BOUTLE I A，BELCHER S E，PLANT R S，2011. Moisture transport in midlatitude cyclones[J]. Quart J Roy Meteor Soc，137：360-373.

DACRE H F，CLARK P A，MARTINEZ-ALVARADO O，et al，2015. How do atmospheric rivers form? [J]. Bull Amer Meteor Soc，96：1243-1255.

FAN J，ROSENFELD D，ZHANG Y，et al，2018. Substantial convection and precipitation enhancements by ultrafine aerosol particles[J]. Science，359：411-418.

GERSHUNOV A，SHULGINA T，RALPH F M，et al，2017. Assessing the climate-scale variability of atmospheric rivers affecting western North America[J]. Geophys Res Lett，44：7900-7908.

GLEASON K L，LAWRIMORE J H，LEVINSON D H，et al，2008. A revised U. S. climate extremes index[J]. J Climate,21:2124-2137.

GUO X,FU D,WANG J,2006. Mesoscale convective precipitation system modified by urbanization in Beijing City[J]. Atmos Res,82:112-126.

HABERLIE A M,ASHLEY W S,PINGEL T J,2015. The effect of urbanisation on the climatology of thunderstorm initiation[J]. Quart J Roy Meteor Soc,141:663-675.

HALE R C,GALLO K P,LOVELAND T R,2008. Influences of specific land use/land cover conversions on climatological normals of near-surface temperature[J]. J Geophys Res,113:1-20.

JIANG J H,ECKERMANN S D,WU D L,et al,2006. Interannual variation of gravity waves in the Arctic and Antarctic winter middle atmosphere[J]. Adv Space Res,38:2418-2423.

KAR S K,LIOU Y A,2019. Influence of land use and land cover change on the formation of local lightning[J]. Remote Sens,11:407.

KOCH D,DEL GENIO A D,2010. Black carbon semi-direct effects on cloud cover:Review and synthesis[J]. Atmos Chem Phys,10:7685-7696.

LAVERS D A,VILLARINI G,ALLAN R P,et al,2012. The detection of atmospheric rivers in atmospheric reanalyses and their links to British winter floods and the large-scale climatic circulation[J]. J Geophys Res,117:1-16.

LEBO Z,2018. A numerical investigation of the potential effects of aerosol-induced warming and updraft width and slope on updraft intensity in deep convective clouds[J]. J Atmos Sci,75:535-554.

LIN Y,FAN J,JEONG J,et al,2021. Urbanization-induced land and aerosol impacts on storm propagation and hail characteristics[J]. J Atmos Sci,78:925-947.

LIU J,NIYOGI D,2019. Meta-analysis of urbanization impact on rainfall modification[J]. Sci Rep,9:1-11.

LOOSE T, BORNSTEIN R D, 1977. Observations of mesoscale effects on frontal movement through an urban area[J]. Mon Wea Rev,105:563-571.

LU J,SUN G,MCNULTY S G,et al,2005. A comparison of six potential evapotranspiration methods for regional use in the southeastern United States[J]. J Amer Water Resour Assoc,41:621-633.

NEIMAN P J,RALPH F M,WICK G A,et al,2008. Meteorological. characteristics and overland precipitation impacts of atmospheric rivers affecting the West Coast of North America based on eight years of SSM/I satellite observations[J]. J Hydrometeor,9:22-47.

NIYOGI D,PYLE P, LEI M,et al,2011. Urban modification of thunderstorms:An observational storm climatology and model case study for the Indianapolis urban region[J]. J Appl Meteor Climatol,50:1129-1144.

OKE T R,1987. Boundary Layer Climates[M]. 2nd ed. London:Methuen Publishing Ltd:435.

ROSENFELD D,LOHMANN U,RAGA G B,et al,2008. Flood or drought:How do aerosols affect precipitation? [J]. Science,321:1309-1313.

RYZHKOV A V,ZRNIC′ D S,2019. Radar Polarimetry for Weather Observations[M]. 1st ed. New

York:Springer International Publishing:486.

STORER R L,VAN DEN HEEVER S C,STEPHENS G L,2010. Modeling aerosol impacts on convective storms in different environments[J]. J Atmos Sci,67:3904-3915.

TWOMEY S,1974. Pollution and the planetary albedo[J]. Atmos Environ,8:1251-1256.

XUE H,FEINGOLD G,STEVENS B,2008. Aerosol effects on clouds,precipitation,and the organization of shallow cumulus convection[J]. J Atmos Sci,65:392-406.

第 8 章　对流的监测

对于对流的充分监测，有利于对其进行精准的预警与预报。监测是对地球系统变量的连续观测，其有赖于用户的具体要求与应用的范围，所获取的数据集在时间累积上须尽可能长。目前，主要包括天基、空基与地基的监测。本章将重点讨论观测资料的验证与标定、对流层低层热动力特征的遥感方法、观测系统及目标观测。

8.1　观测资料的验证与标定

监测的重点是长时间连续的观测并获取观测资料，其可为天气预报及气候预测提供基本条件。验证则主要是为了评估模式模拟的质量，这些模式模拟主要包括：天气预报、气候预测、再分析、使用不同模式配置的天气和气候后报。验证过程有赖于模式的设置、时间周期及变量特性。在所有的变量中，水汽和温度是较为关键的，其通过云和降水过程将地表交换与大气边界层发展联系在一起。

在天气预报中，验证是气象业务部门的常规工作，且意义重大。验证的目的主要包括：监测预报质量（预报是否准确）、改善预报质量（发现预报中的不足之处）、对比不同预报系统的质量（预报系统之间质量的比较和甄别）。

验证研究不仅仅涉及现有或新的预报系统的开发和应用，而且另一个重要组成部分是格点数据集的处理和分析。由于数据集存在采样误差、代表性误差、系统误差和噪声误差，因此也是一项十分重要的任务。

对于观测系统的验证，可通过比较它们的标定和反演方法来实现。鉴于此，验证应该比观测的要求更高。对流层低层的观测对于验证至关重要，其有利于分析模拟系统对陆面交换、夹卷、对流激发及云和降水发展的模拟。

关于时间分辨率及对流激发等重要过程，白天与夜间都需进行验证，这要求时间分辨率小于或等于 15 min，而监测的垂直分辨率在地面处则为数十米，在对流层混合层为 100～300 m、界面层为 10～100 m。

对于水汽廓线，监测时产生的系统误差应该尽可能低，从而减小大气对验证的影响。一般要求系统误差小于 5%。在给定的垂直和时间分辨率下，噪声误差应小于 5%，这足以识别诸如辐合线、对流激发和地表差异性变化的特征。最佳监测网络设计应在当前数据可用性、覆盖范围和站点密度之间进行必要的折中。

在监测中，用于验证的资料应当具有模式格点单元的代表性，从而使得廓线的密度达到 β 中尺度至 γ 中尺度。此外，需要在合理目标区域建立监测试验网络，其中，应当具有强表面差异性和强降水的区域，同时，还应当包括大都市，而监测覆盖范围应符合待标定传感器的观测能力。

验证与标定在所有的天气条件下都是非常重要的工作，这些天气条件可能包括强迫与锋面条件、强迫与非锋面条件，以及局地强迫条件。在这些强迫条件下，对流发生前的环境是至关重要的。对于云和降水的雷达观测尤其需要关注。模式的性能通常也取决于强迫条件之间的相互作用，其涉及不同分辨率的不同过程，这些过程需用不同的方法进行模拟。

8.2　对流层低层热动力特征的遥感方法

8.2.1　温度与水汽的监测

对于温度及水汽特征等参量的分析与预报是地球系统可持续发展的基础。温度与水汽对于辐射传输与陆气相互作用的影响敏感，从而影响中尺度环流与对流激发。温度与水汽的测量对于研究辐射传输、层结稳定度、浮力、对流有效位能、对流过程，以及云与降水的形成是至关重要的，为此，需要在对流层低层以高垂直分辨率和高精度测量温度与水汽廓线。水是大气中的重要组分，且以 3 种相态存在，其平均质量约占大气总质量的 0.25%（Trenberth et al.，2005）。由于水汽的羟基键和相对较高的数密度，它可强烈吸收地面辐射，因此，水汽也是最重要的温室气体。在晴天的条件下，水汽对于温室效应的贡献约为 60%。给定质量的水汽凝结所释放的能量相当于将其温度升高 1 K 所需能量的约 600 倍，以及将相应质量的空气温度升高 1 K 所需能量的约 2400 倍（Wang et al.，2012）。垂直湿度廓线具有较高的时空差异性，其在对流层内随高度非线性递减（这是 Clausius-Clapeyron 方程（克劳修斯-克拉珀龙方程）中水的两相平衡所要求的）。不同气候区水汽具有明显的水平和垂直变化特征，热带地表水汽含量与极地相差 1 个数量级；而在对流层内的垂直方向上，随着温度的降低，水汽数密度可减小 5 个数量级，这在热带区域表现得尤为明显。水汽廓线更多的变异性也可能是由诸如地表蒸散、水汽平流、凝结等绝热过程造成的。在对流层低层对水汽进行高分辨率的测量，对于分析对流激发、天气过程及气候特征都是十分必要的。

很多遥感系统仅可反演积分水汽含量（IWV），即：整个大气柱中水汽的垂直积分量，单位为 kg・m^{-2}，该值与可降水量(PW)有关，即：

$$PW=\frac{IWV}{\rho_W} \tag{8.1}$$

其中：ρ_W为液水密度。

尽管 IWV 的测量并没有水汽的垂直变化信息，但是其为水分循环的主要观测量，该值在热带地区为 60～70 mm，而在极地则小于 10 mm。

8.2.2　辐射传输与能量和水汽平衡

在陆地系统及其反馈过程中，对流边界层发展与对流激发有赖于陆面交换和夹卷通量的相互作用。其中，对流层低层水汽与温度的垂直分布对于陆地系统及其反馈过程的影响尤为重要。地表通量受土壤温度与湿度、地表粗糙度、植被、温度与湿度在边界层中的分布等的影响。最底层的大气对于地表粗糙度与通量的响应较快。边界层顶水汽的垂直输送由夹卷与沉降之间的平衡所决定。辐射、热、温度及湿度可定量地由以下的收支方程给出(Rosen，1999)，即：

$$\frac{1}{g}\int_0^{TOA}\frac{\partial}{\partial t}(c_pT+Lq)\mathrm{d}p+\int_0^{TOA}\boldsymbol{\nabla}\cdot[(\Phi+c_pT+Lq)\boldsymbol{V}]\mathrm{d}p=F_{TOA}-F_S \tag{8.2}$$

其中：g 为重力加速度，c_p为恒定压力(p)下的干燥空气比热，T 为温度，L 为蒸发潜热，q 为比湿，TOA 为大气层顶，$\Phi+c_pT$ 为干空气的静力能(Φ 为大气势能)，$\Phi+c_pT+Lq$ 为湿空气静力能(在忽略空气动能的条件下守恒)，$\boldsymbol{V}$ 为水平风，F_{TOA}为净的大气顶向下的能量通量，F_S为净的地表向下的能量通量。

水汽与温度分布可影响长短波辐射传输，在地球系统，大气层顶与地面能量是平衡的。水汽对于长波向下辐射影响明显，这部分辐射也是地表净辐射的一部分。辐射传输可由忽略了大气和地表散射的辐射传输方程给出，即：

$$I_v(r)=I_v(0)\exp\{-\tau_v(r,0)\}+\int_0^r B_v[T(r')]\exp\{-\tau_v(r,r')\}\,\alpha_v(r')\mathrm{d}r' \tag{8.3}$$

其中：$I_v(r)$为距离 r 的辐射传输能量，v 为频率，$B_v(T)$为普朗克方程，辐射源$I_v(0)$包括地球表面放射、反射的大气放射及地球系统外的辐射，$\tau_v(r,0)=\int_0^r\alpha_v(r')\mathrm{d}r'$ 为光学厚度，$\alpha_v=\sum_i\alpha_{v,i}$ 为消光系数(i 表示第 i 种大气组分)。

对于水汽的吸收系数，则有：

$$\alpha_{WV}=N_{WV}\times\sigma_{WV}(p,T) \tag{8.4}$$

其中：N_{WV}为水汽的数密度；σ_{WV}为水汽的吸收截面，其决定着吸收线强度的基本量子力学性质(是温度 T 与压力 p 的函数)。

辐射能传输对于地球系统研究至关重要，特别是其中的热动力廓线遥感观测，是区域及全球水与能量收支的关键因素。大气层顶向外的长波辐射及地表潜热与向下的长波辐射通量的估算受近地面温度和对流层湿度不确定性的影响。

热动力廓线对于研究区域及全球水循环而言，可有如下的收支方程，即：

$$-\frac{\partial}{\partial t}\mathrm{IWV}-\boldsymbol{\nabla}_{\mathrm{H}}\cdot\boldsymbol{Q}=P-\mathrm{ET}=\frac{\partial S}{\partial t}+\boldsymbol{\nabla}_{\mathrm{H}}\cdot\boldsymbol{R}_0 \tag{8.5}$$

其中：$\boldsymbol{Q}$ 为垂直积分二维水汽通量，P 为降水量，ET 为蒸散量，S 为土壤冠层中的蓄水量（包括所有相态的水），$\boldsymbol{R}_0$ 为地表径流。

水与能量循环通过蒸散与热动力垂直分布相耦合，近地面的湿度与温度廓线可控制蒸散，水平衡是大气湿度与水平水汽通量散度的方程。

8.2.3　陆面与大气的交换和反馈

土壤、陆面的植被、大气是一个耦合的系统。大气边界层湿度受地表能量平衡及边界层顶夹卷通量的影响。研究大气边界层的垂直结构，特别是研究白天不稳定地面层、混合层和逆温层以及夜间稳定地面层特征尤为重要。白天水汽通量散度是由地表通量 $\lambda E=L\,\overline{w'\rho_{\mathrm{WV_S}}{}'}\propto\mathrm{ET}$ 和夹卷通量 $\lambda E_{\mathrm{IL}}=L\,\overline{w'\rho_{\mathrm{WV_{IL}}}{}'}$ 决定的（其中，w' 与 $\rho_{\mathrm{WV}}{}'$ 分别为湍流垂直风速与陆面的（下角标 S）或界面层（下角标 IL）绝对湿度波动）。

陆气相互作用是全球陆气系统的研究主题，这些都有赖于陆面的原位测量与探空，而陆面的异质性、湍流和中尺度环流在量化陆气相互作用（包括云的形成和降水）方面发挥着重要作用。

8.3　观测系统

全球致力于发展统一和持续的能量与水循环观测数据集，且主要是通过全球观测系统（GOS）来达成的，其主要包括地表、高空及海洋探测，同时也包括雷达、飞机及卫星探测等。

8.3.1　天基测量

天基被动遥感对于大气热动力特征的探测主要集中于近红外、红外、微波谱区，是主要基于水汽吸收或受水汽和温度影响的吸收带中的大气辐射建立的反演方法。与激光雷达和雷达相比较而言，卫星信号则是在传播中测量的。

（1）被动遥感

卫星中，主要有极地与地球静止轨道卫星用来反演水汽和温度廓线。在相同的观测大气中，红外和微波反演方法是可以互补的，因此，所得产品的性能主要取决于同一平台上两个通道的可用组合。

1978 年以来，在有了 TIROS（电视与红外线观测卫星，其搭载了高分辨率红外辐射传感器（HIRS）及微波探测器（MSU））后，利用极轨卫星对全球水汽与温度进行观测已成为现实，其每日探测次数分别超过 1×10^5 次及 1×10^4 次。先进微波传感器（AMSU-A）与微波湿度计（MHS）取代 MSU 后，每日空间探测采样次数则可超过 1×10^6 次及 1×10^5 次。微波探测器是基于频率工作的，其在较高频率下采样覆盖区为 16 km，而在较低频率下采样覆盖区则为 75 km。随着这些跨轨道探测器扫描角度的增加，其探测覆盖区面积也将增加。卫星上搭载的另一类微波探测器由锥形扫描仪器构成，其可在恒定视角下成像，其主要如全球降水计划（GPM）的 GMI（Microwave Imager）。

水汽与温度的反演技术也适用于无降水云的广大海洋区域。然而，由于陆地区域的地表辐射取决于土壤湿度和植被的特征，因此该区域水汽与温度反演是较为困难的。

在微波与一些可用的频段，对水汽与温度的观测则分辨率较粗。对于对流层低层热动力特征而言，需充分分析大气边界层的总体水汽特征。

中分辨率成像光谱仪（MODIS 与 MERIS）是近红外遥感传感器，前者搭载于 1999 年 12 月发射的 Terra 卫星（泰勒卫星），后者搭载于 2002 年发射的 Aqua 卫星（阿夸卫星），二者利用对 940 nm 附近的水汽吸收具有不同灵敏度的两个通道的比率，测量水汽消光，可以导出具有高水平分辨率的积分水汽含量。红外结合微波的被动遥感系统可提高对于小尺度水汽水平场的观测能力。MODIS 与 MERIS 的光学观测器可以观测对流层低层近红外谱区的水汽。利用它们受 940 nm 左右宽水汽吸收带影响的通道，可以在陆面上获得高水平分辨率的积分水汽含量。

与 Terra 与 Aqua 卫星上搭载的传感器相似的还有 AMSU-A、巴西湿度传感器（HSB），以及 MODIS 与联合的大气红外探测器（AIRS），其为光谱分辨率 0.85 cm^{-1} 的光栅光谱仪。

红外探测覆盖范围主要受到云层存在的限制，在云层中只能探测到相应的云顶。而靠近地面的准确率则受具有较大不确定性地表辐射的影响。由于可以同时从相同的高光谱测量中得出表面辐出度，这一点已得到了实质性改进（Capelle et al.，2012）。

尽管在微波段的垂直分辨率不足，但是反演方法在无降水云存在的情况下还是可行的。极轨卫星测量的可重复性取决于可用卫星的数量和相位以及感兴趣的地理区域。三颗运行中的卫星，局部跨越时间间隔 4 h，可以观测一些发展中的现象，并可解析日变化。由于观测带存在重叠，高纬度（$>60°$）大气层的覆盖时间间隔较短，因此，极轨卫星可部分支持没有地球静止卫星测量的实时预报应用。然而，对流激发等关键过程需要的时间分辨率介于 10～15 min，用于预报范围为 0～6 h 的临近预报的观测结果则需要一个比该范围分辨率高得多的更新周期。

GOES(地球静止业务环境卫星)、MSG(第二代欧洲气象卫星)及 Himawari(葵花)等地球静止轨道卫星为极轨卫星提供了重要的补充。在这些平台上的被动遥感传感器(如:旋转增强型可见光和红外成像仪(SEVIRI)),可以 12 个通道(从可见光至红外波段)的 GOES 成像仪与红外传感器对地球进行观测。通常,地球圆盘观测的时间分辨率为 15 min,像素的空间分辨率为数千米。这些通道的低光谱分辨率不允许以高垂直分辨率进行监测,因为其专用于水汽的通道对对流层上层湿度较为敏感。目前,没有从地球静止轨道上进行微波遥感观测,因为只有天线非常大时才能有合理的积分时间。

持续更新的具有更高准确率与分辨率的新数据集可有效提高对于区域水分与能量循环的认识。然而,被动红外遥感系统在提高对流层低层垂直分辨率时也存在一定的理论限制,目前,一些计划中已为下一代极轨卫星提高光谱分辨率和减少辐射噪声开展了准备工作。

(2)主动遥感

① 全球导航卫星系统

当前,对于水汽和温度的主动遥感测量系统主要为 GNSS(全球导航卫星系统),其基于无线电掩星技术(RO),可推导出对水汽和温度敏感的弯曲角(折射率)廓线。很多卫星都装备有 GPS(全球定位系统)接收器,如:科学应用卫星平台(SAC-C),小型卫星有效载荷(CHAMP),用于气象、电离层和气候的星座观测系统(COSMIC)及 Terra 合成孔径雷达(SAR-X)等。目前,每天大约有 3500 次无线电掩星探空。由于信号跟踪问题,并非所有探测信号都能到达地球表面。而无线电掩星弯曲角(折射率)有赖于水汽与温度,其贡献只有在提供额外观测信息的情况下才能真正得以应用。

② 其他类型的主动遥感技术

未来,向对流层低层提供热动力廓线的可能解决方案是在极轨卫星上运行的主动遥感系统,如:激光雷达。为此,欧洲航天局的水汽激光雷达试验计划为增加水汽廓线覆盖面积、分辨率及观测的准确率做了努力(Wulfmeyer et al. ,2005)。此外,空基的高垂直分辨率和准确率的水汽差分吸收激光雷达(WVDIAL)的工作性能已被机载设备所验证(Di Girolamo et al. ,2008)。

8.3.2 地基测量系统

(1)原位测量

原位地面测量及地面释放的探空可为气候研究和天气预报提供核心数据集。目前,探空仍然是以足够的分辨率测量分析边界层(包括地面层、混合层及边界层顶的界面层)水汽与温度廓线和结构特征的重要手段。

地球上探空的位置及探测的覆盖范围是稀疏且不均匀的,探空密度最高的区域是欧洲中部区域。目前,探空站的密度尚不足以详细分析水汽与温度的中尺度变化特征,这在海洋区域表现得尤为突出,因此,尽管有一些非气象部门运营的探空站,但是其密度仍需进一步增加。与星载被动遥感数据相比较而言,地面探空所得的数据随高度的分布是准倒置的。地面探空的空间覆盖范围较小,但垂直分辨率与准确率较高。空基被动遥感观测的覆盖面积较大,但垂直分辨率与准确率却较低。鉴于此,需增加地面探空站网络的密度及探测的频次,以便更好地分析区域水循环的中尺度特征,从而增加水汽与温度探测的代表性。

(2)被动遥感

研究中,数据的不足可以通过微波辐射计或红外谱段的被动遥感加以补充。一些地基的红外傅里叶变换光谱仪(FTIR)及微波辐射计观测网络已在大气辐射测量计划(ARM)中运行。以上的探测系统也可搭载于船上,然而,这些平台的观测密度较探空低。这些平台探测的时间分辨率通常为 5～10 min,其可减小在确定不同微波通道或红外光谱中辐射时的噪声误差。这些观测系统在地面处的观测分辨率较高,而在对流层中部则较低。对于红外谱段的反演而言,水汽与温度廓线的分辨率在近地面约为 100 m,而在 2 km 接近边界层顶处则约为 800 m;对于微波反演而言,地面处温度的分辨率约为 300 m,而在边界层顶处则约为 1 km,若使用扫描的方式观测,则可以将地面处的分辨率提高到接近 100 m。由于受到垂直分辨率的限制,水汽梯度及温度廓线的精细结构在地面、界面层及自由对流层均被平滑。由于微波辐射计能够透过云层探测,红外反演的均方根误差在有云时会增大,但即使在云底处也能够进行观测(Turner et al. ,2014)。

(3)主动遥感

相较于被动遥感而言,主动遥感系统传输辐射可以根据其传输、弯曲、相移或反向散射信号分析水汽或温度特征。全球导航卫星系统和差分光学吸收光谱仪正是利用传输、弯曲、相移探测的主动遥感系统。雷达与激光雷达则是最主要的利用后向散射探测的主动遥感系统。主动的差分光学吸收光谱仪可提供大气的水汽、温度及衡量气体的分布信息,该技术的直接优点是通过飞行时间测量实现后向散射信号固有的大范围高分辨率探测。主动遥感系统具有明显的提高探测大气热动力廓线准确率与分辨率的潜力。这些技术可以通过增加发射机功率和接收机效率来提高信号的信噪比。

① 全球导航卫星系统

近年来,全球导航卫星系统地面接收站数量不断增加,与此同时,基于天顶总延迟(ZTD)与倾斜总延迟(STD)的算法也得到了发展与改进。当全球导航卫星系统信号被地面站接收时,其不会直接得到折射率或大气热动力廓线。而通过估算接收站以上代表积分折射率的 ZTD,便可以反演积分水汽含量。因此,ZTD 资料对于天气及气候研究则十分重要。通过全球导航卫星系统反演对流层水汽特征的后处理资料不仅有利于分析天气事件,而且也已用于长时间序列的气候研究。利用 STD 可实现高分辨率的对流层低层的水汽分布反演。当全球导航卫星系统地面站的可用网络足够密集,使得在观测网络上方的大气体积中视线对流层延迟交叠时,层析成像反演能够分析三维水汽分布。这些方法给出较为合理时空分辨率的水汽场,然而,分辨率高度依赖于网络的密度与几何分布。

② 雷达

尽管天气雷达信号并不包含水汽及温度信息,但是通过雷达观测资料可发展反演地表的二维折射率,其主要是利用来自地面目标的相位信息的时间演变特征,来指示湿度、温度和气压场变化引起折射率的微小扰动。在适当的小地形环境中使用硬目标回波,可以生成分辨率为 15 min、范围为 50 km 的地图(Roberts et al.,2008)。利用该方法不能对垂直方向进行测量,雷达发射的电磁波锥在地面上方的未知高度可能会与地面测量值产生显著偏差。因此,其主要作为弥补地基原位测量不足时的方法,并不能直接反演热动力廓线。利用雷达分析热动力廓线的还有风廓线无线声学探空系统(RASS)。

雷达在监测极端天气中独具优势,可以对这些极端天气中热带气旋的形成、空间结构、快速增强,以及登陆期间的演变等进行连续且具快速响应的监测。可以对热带至副热带区域的中纬度对流系统、大气河、天气系统与地形地貌的相互作用及人工增雨等进行分析。此外,雷达也是研究热带云系统、海洋热带对流、气溶胶与云微物理过程及全球与区域云降水过程的重要工具。

目前,气象雷达的新兴技术包括具有脉冲压缩的固态发射机、极化相控阵雷达、成像雷达和"自适应协作"雷达网络。未来,雷达技术还将包括"全数字化"相控阵雷达、无源雷达、多任务网络、超低成本密集网络和频谱共享等方案。

由于商用固态脉冲压缩发射机利用砷化镓或氮化镓技术,其成本低、重量轻且功率低,因此需要更长的脉冲来实现高灵敏度,但其能够实现有源相控阵和超低成本,可放置在机载平台或大型密集雷达网络中。这些雷达中尚存在距离旁瓣污染,必须优化非线性调制的性质,以减小其对观测结果的影响。在相控阵天线上包括双极化能力的主要挑战是:由于相控阵天线偏离主平面,因此无法保持水平—垂直正交性,并且天线增益和波束宽度会随着非宽边指向方向而变化。

用于快速扫描的相控阵技术的替代方案是成像雷达技术,其中,发射光束照射了相对较宽的区域。数字波束允许同时测量无限数量的接收波束,每个波束具有给定的半功率波束宽度。未来,数字相控阵雷达的另一个主要挑战将是标定,还可能建立如电视台、调频广播电台和蜂窝电话网络的无源雷达网络。

极化雷达可用于研究云和降水过程,特别是和混合相态云相关的降水,以及和起电相关的云微物理过程。

S波段布拉格散射雷达可用于研究化学物质的传输、高空锋面和急流、低空急流，以及激发对流的大气边界层的特征。

多波长雷达则可用于雪、冰和云特性分析，以及云水和水汽场的反演。由于云和降水过程具有较高的空间和时间变异性，因此需要提高监测的分辨率。目前，天气雷达的距离分辨率可满足监测的需求，但角度分辨率取决于天线尺寸和雷达距离。较短波长的雷达可以在保持天线盘尺寸的同时形成适当的横向分辨率。而使用多波长雷达可能有助于解决短波长雷达在监测中的衰减问题。多波长雷达对于研究降水和对流系统的微物理与热动力过程至关重要。用于边界层监测的具有布拉格散射能力的高频廓线系统可监测对流系统中的温度、湿度、风及热动力特征。高频的云雷达对于研究对流风暴、热带对流、冬季风暴及地形降水系统的云和降水微物理特征作用显著。

③ 激光雷达

紫外、可见光、近红外、激光雷达信号对于水汽与温度都有较强的敏感性。温度廓线的测量可利用温度旋转拉曼激光雷达（TRRL）实现，水汽廓线的测量则可利用水汽拉曼激光雷达（WVRL）实现。由于观测中进行了距离分辨测量，因此激光雷达方程的解是唯一的，水汽与温度廓线也会以此而得到。与被动遥感方法比较而言，激光雷达的探测准确率与分辨率则更高。通常，距离分辨率为 10 m 至数百米，时间分辨率则为 1 s 至 10 min。激光雷达系统在无云或薄云的大气中信噪比较高，在有云但光学厚度不超过 2 的大气中可进行正常观测，否则，只能在云底以下高度进行正常观测。由于降水对激光存在较强的衰减作用，降水发生时激光雷达无法使用，红外光谱仪在观测中也存在类似的问题。

地基水汽测量激光雷达具有较高的分辨率与准确率，因此，全球范围内发展了多种类型的 WVRL。其中一些系统在水汽探测中发挥了独特的作用，例如：扫描拉曼激光雷达（SRL）。将 WVRL 与 TRRL 探测技术结合起来，还可以对相对湿度进行测量，从而有助于分析云凝结高度及卷云的微物理特征。TRRL 在观测薄云时也没有表现出存在明显的系统误差。

与 WVRL 工作状况相似，TRRL 在夜间工作表现较好，其几何尺寸因激光功率和接收器尺寸变化而变化。利用窄带滤波及紫外的主要波段在白天观测也会有较好的效果。WVDIAL 对于发射器的要求较高，测量的时空分辨率较高，其差分吸收激光雷达技术的特点是信号不需要标定，而准确率却比较高。地基与空基 WVDIAL 已用于研究大气边界层的差异特性，同时，可获取湍流统计特性与潜热通量。通过增加发射机功率和接收机效率，优化激光发射特性，激光雷达探测的准确率和分辨率都将进一步得以提高。

8.3.3　遥感方法

主动及被动遥感系统所依据的物理原理有较大的差异，需要对其优势与不足进行对比分析。被动遥感系统观测中利用了光学、红外和微波波段的辐射与观测对象的相互作用，主动遥感系统则利用了从紫外线到微波的传输电磁波与观测对象的相互作用。观测对象包括土壤、冠层及大气组分，其主要包括：大气分子、气溶胶粒子及水成物粒子等。观测有赖于电磁波频率，其要求分析和模拟散射过程、散射和吸收造成的衰减、拉曼激光雷达的非线性散射及用于全球导航卫星系统的辐射在非均匀介质中的传播、弯曲和延迟。对于遥感研究领域而言，其涉及经典物理学、热力学、电磁学，以及包括拉曼散射非线性现象的量子力学。

主动遥感的地基激光雷达系统是通过非弹性拉曼散射效应测量水汽与温度的，激光雷达工作时在散射体积内，光子被分子（水、氧气或氮气分子）吸收，光子可立即激发原子在低轨道上的电子到较高能量的振动和旋转轨道上（即电子发生跃迁），由于跃迁后初始能级和最终能级之间的能量差异，散射辐射的波长可向红色和蓝色波段移动（这取决于基态的特征）。后向散射辐射的频率取决于散射体的特征，其依据行进时间进行距离分辨测量。

主动遥感的地基差分吸收激光雷达系统（DIAL）是利用水汽吸收光子对绝对湿度进行距离分辨测量的。测量时，被吸收的光子从激光器的入射电磁场中提取能量，由于环境的高压，这种能量通过与周围分子的碰撞而转移到环境中。因此，高层的光子生命期由分子碰撞过程决定，其可使荧光猝灭。未吸收信号和吸收信号分别对应基于比尔定律的激光在水汽与大气传输的特征，该定律可以反演出绝对湿度。主动遥感的地基红外光谱仪与微波辐射计可沿着直线测量大气的热辐射，在其探测光谱中包含了不同频率的温度及水汽特征，其可用于二者廓线的反演。

被动遥感的卫星导航系统利用 STD 波束路径测量，其中，波束的相位延迟和弯曲特征，包含了有关大气温度和湿度的信息。在被动遥感中，传输信号同时包含积分与距离分辨观测信息。主要的主被动遥感观测方法详见图 8.1。

(1)被动遥感方法展望

常用的被动遥感系统基于辐射计，可探测由大气分子（如氧、水汽、二氧化碳和一氧化二氮）与电磁场相互作用产生的微波和红外吸收线的辐射。大气分子的吸收与发射特性可用于反演水汽与温度廓线，以及云中各相态水成物粒子的分布特征。

由辐射传输方程可以推导出天基或地基无源遥感系统的基本配置。与在寒冷的空间背景下进行的微波和红外波长的地面被动大气遥感探测相反，由于地球表面的热发射，卫星的被动探测必须应对温暖的背景。在对流层低层的水汽探空需要在地表和大气辐射之间进行对比，以实现对大气成分的测量，这会对在热红外中从空

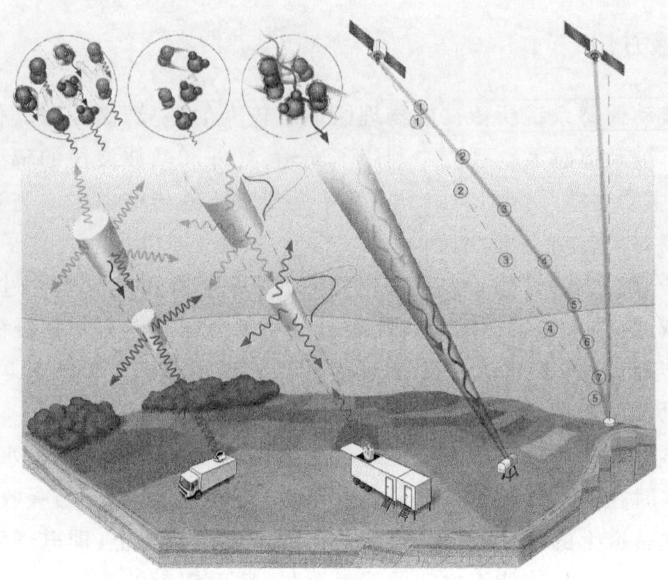

图 8.1　主要的主、被动遥感观测方法(Wulfmeyer et al.,2015)

(从左至右,依次为主动遥感的地基激光雷达系统、主动遥感的地基差分吸收激光雷达系统、被动遥感的地基红外光谱仪与微波辐射计、主动遥感的卫星导航系统(其中,数字表示不同分辨率的测量距离))

间反演大气中的水汽分布特征产生一定的影响。当大气层平均温度等于地表亮度温度时,大气层中的水汽分布特征将无法通过空基平台测量。这种情况经常发生在红外波段的大气边界层中,其中的地表发射率接近于1。在微波段的情况则会略好一些,那里的地表发射率通常远未达到1,尤其是在海洋上,因此,地表和大气之间会形成较好的热对比。

地基探空的基本原理是基于更靠近吸收线中心的通道更不透明,探测对仪器正上方各层的辐射更敏感,而远离吸收线中心位置的通道更透明,据此,可以提供在观测路径上综合的高层大气的水汽与温度信息。

地基微波辐射计通过电磁场与氧气分子在50～60 GHz与118 GHz的相互作用,及电磁场与水分子在22 GHz与183 GHz的相互作用产生的吸收线进行探测(Askne et al.,1986)。

地基红外光谱仪是典型的被动遥感辐射计,其可以相对较高的光谱分辨率测量下行红外辐射,通常其波长在3～18 μm,在这一谱段大量的不同分子(主要包括:水、二氧化碳、臭氧、甲烷、氮氧化物、一氧化碳及氯氟碳化合物)会产生吸收带。虽然这些气体中许多吸收带都在光谱的热红外部分重叠,从而使不同气体浓度的贡献的分离更加困难,但是通过仔细选择用于分析应用的光谱区域可以最大限度地减少这一问题。

地面辐射计可监测来自其上方大气层给定频率下单位面积和单位立体角(辐射)的辐射功率。一旦获知引起吸收的气体性质,其可将辐射计在给定频率下测量的辐射亮度与大气温度联系起来。若温度廓线已知,辐射观测还可以用于反演大气中正在发射辐射痕量的浓度。

对于透射率而言,可定义为:

$$\Gamma_v(0.z)=\exp\left\{-\int_0^z \alpha_v(z')\mathrm{d}z'\right\}=\exp\{-\tau_v(z,0)\} \tag{8.6}$$

其中:z 为地面以上的高度;α_v为消光系数;τ_v为光学厚度,有时称为加权函数,表示各大气层对发射辐射的贡献。

有:

$$\frac{\partial\Gamma}{\partial z}=\alpha_v(z)\exp\{-\tau_v(z,0)\} \tag{8.7}$$

地基微波与红外辐射计通过对辐射的观测可给出温度与水汽廓线。温度廓线通常可在对 50 GHz、60 GHz 及 118 GHz 的一组复杂的压力增宽氧气吸收线的观测中获得。观测中,主要假设氧气的浓度为高度的函数是已知的,而在这个光谱区域中观测到的微波辐射率只是由温度作为高度的函数而变化的。

低分辨率的水汽廓线通常是通过观测以 22.2 GHz 为中心的水汽谐振线实现的。观测中,反演需要使用假设的温度廓线,或者使用跨越水汽吸收线和氧气吸收带的观测值同时反演两个对流层热动力廓线。利用较强的以 183.3 GHz 为中心的水汽吸收线可测量干燥区域的湿度廓线(Hohenegger et al.,2009)。在红外波段最常用的温度廓线测量谱段是 4.3 μm 与 15 μm 的二氧化碳吸收段,或者一氧化二氮在 4.5 μm 附近的吸收带(Crevoisier et al.,2014)。

微波及红外技术对于视场中的云很敏感,因此,微波辐射计可以同时反演大气热动力廓线与云的特性。尽管地基红外反演技术通常仅用于光谱仪上方没有云的场景,但目前已发展了可同时反演热动力廓线和云特性的算法(Turner et al.,2014)。

(2)主动遥感方法展望

主动遥感系统发射电磁波的谱段是明确的,其通过使用激光雷达或雷达距离分辨的后向散射信号、电磁波传输中的差分光学吸收光谱(DOAS)及地球导航卫星系统的相位延迟反演大气层的热动力廓线。

① 雷达

较早可分析大气层热动力特征的雷达是风廓线雷达,基于此,为了反演温度,发展了无线声学探空系统,其通过测量声音在大气中向上传播时的传播速度(该速度是虚温的函数),从而反演大气虚温廓线。为了优化后向散射,声波通常需跨越一定的频率范围。然而,这种技术有时会受到高空风将声波带到雷达波束之外的影响,与此同时,还需关注垂直风和湍流对声音多普勒测量的扰动。无线声学探空系统在城市区域应用会受到限制,其通常仅在白天使用并且配备有声学信号的随机相位翻转,从而产生类似于白噪声的声学信号。

为了利用该系统测量大气层的水汽廓线,需要从雷达信号中提取相关的变量,如:折射率梯度(Tsuda et al. ,2001)或潜在折射率(Stankov et al. ,2003)。为此,需求解以下湿度方程,即(Tsuda et al. ,2001):

$$q(z) = \theta^2\left[\int_{z_0}^{z}\left(1.652\,\frac{p_{\mathrm{Pa}}}{{T_{\mathrm{K}}}^2}\,\frac{T^2}{p}\;C + \frac{T}{7800\ \mathrm{K}}\,\frac{\nu_{\mathrm{B}}^2}{g}\right)\frac{1}{\theta^2}\mathrm{d}z + \frac{q_0}{\theta_0^2}\right] \tag{8.8}$$

其中:C 为折射率梯度,ν_{B}为 Brunt-Vaisälä 频率,q_0 为比湿,θ_0 为边界层高度的位温,p_{Pa}为气压(Pa),T_{K}为温度(K)。

在给定范围内和给定大气层中的地面温度、气压与湿度,以及温度与折射率梯度廓线已知的条件下,湿度方程才能够得以求解。C 的绝对值可以通过雷达多普勒频谱获取。

② 全球导航卫星系统

全球导航卫星系统的信号在地球大气中传播时,由于大气介质的存在,其会以一种特有的方式受到影响。接收器通过相位测量,可估算由中性大气引起的信号传播时间延迟。

这些卫星与接收站之间的时间延迟有赖于大气折射率,其为气压、温度及湿度的函数,是全球导航卫星系统气象学的理论基础。

在 GPS 的无线电掩星过程中,通过接收地球低轨道卫星信号,可反演信号弯曲角廓线,在球面对称的假设下,该廓线可用来反演折射率和温度廓线,折射率廓线($N(z)$)可由式(8.9)表示(Anthes,2011):

$$N(z)=0.776\,\frac{T_{\mathrm{K}}}{p_{\mathrm{Pa}}}\frac{p(z)}{T(z)}+6\,\frac{{T_{\mathrm{K}}}^2 M_{\mathrm{kg}}}{p_{\mathrm{Pa}} M_{\mathrm{g}}}\frac{m(z)\,p(z)}{T^2(z)} \tag{8.9}$$

其中:该式忽略了混合比(m)的高阶项,因此,可通过温度(T)与气压(p)反演混合比(m),其垂直分辨率约为 100 m,而水平分辨率则为 100 km。

将水汽廓线从反演的折射率及其相应的温度资料中分离出来,则混合比系统可由式(8.10)给出:

$$\Delta m \cong \sqrt{\left(m\,\frac{M_{\mathrm{kg}}}{M_{\mathrm{g}}}+0.129\,\frac{T}{T_{\mathrm{K}}}\right)^2\left[\frac{\Delta_N^2}{N^2}+\frac{\Delta_p^2}{p^2}\right]+\left(2m\,\frac{M_{\mathrm{kg}}}{M_{\mathrm{g}}}+0.129\,\frac{T}{T_{\mathrm{K}}}\right)^2\frac{\Delta_T^2}{T^2}} \tag{8.10}$$

其中:Δ_N为折射率的相对误差,Δ_p为气压的相对误差,Δ_T为温度的相对误差。

全球导航卫星系统通过地基接收器可测量 ZTD 与 STD。卫星信号传输频率主要为 1575.42 MHz 与 1227.6 MHz,而载波相位长度的观测方程可由式(8.11)给出(Hoffmann-Wellenhof et al. ,1997):

$$L_{\mathrm{GNSS}}=I_{\mathrm{GNSS}}+c(t_{\mathrm{r}}-t_{\mathrm{s}})+n\lambda-I+\mathrm{STD}+\varepsilon \tag{8.11}$$

其中：l_{GNSS}为发射机与接收机之间的几何距离，c 为光速，t_r与t_s分别为发射机与接收机的时钟误差，n 为整周模糊度，λ 为周长，I 为电离层延迟，ε 为测量噪声和多径误差。

STD 为中性大气中信号传播的时间延迟，其主要由静力与非静力分量两部分组成，具体为：

$$\mathrm{STD}=M_h(\mathrm{el})\mathrm{ZHD}+M_w(\mathrm{el})\{\mathrm{ZWD}+\cot(\mathrm{el})[G_n\cos(\mathrm{az})+G_e\sin(\mathrm{az})]\}+\mathrm{PoR} \tag{8.12}$$

其中：el 和 az 为接收站与卫星链路的仰角和方位角，M_h与M_w为静力与非静力映射函数(其可由数值预报场给出)，ZHD 为天顶静力延迟，ZWD 为天顶非静力延迟，G_n与G_e为北向与东向的梯度(可通过最小二乘法进行估算)，PoR 为后拟合残差(其考虑了最小二乘平差中参数化的误差)。天顶总延迟(ZTD)则包含了天顶静力与非静力延迟。

积分水汽含量(IWV)则可由式(8.13)给出：

$$\mathrm{IWV}=\Pi(T_m)\mathrm{ZWD} \tag{8.13}$$

其中：Π 有赖于大气的平均温度(T_m)。

③ 激光雷达

激光雷达作为主动遥感系统，其工作方式与雷达是相似的。相较于雷达，激光雷达传输的激光脉冲的波长介于紫外的 250～10000 nm，这比雷达的波长要短数个数量级。因此，激光雷达信号对于气体分子与气溶胶粒子的散射和消光都十分敏感，测量可在清洁大气中实施。也是基于同样的原因，激光雷达仅限于在云层和降水的边缘(即光学厚度不能高于 2)进行测量。当忽略云和降水特性对于激光雷达近距离晴空信号的影响时，其测量可获得高时空分辨率的结果。

拉曼激光雷达与差分吸收激光雷达的激光脉冲很短，其在大气中传输的周期 $\Delta t\cong 10-100$ ns，并与其后向散射的高原始分辨率 $\Delta R=\frac{c\Delta t}{2}\cong 1.5-15$ m 相对应。信号在其传播路径上因发生了散射与吸收而被衰减。后向散射辐射与测距单元中的后向散射系数成正比。激光雷达方程描述了弹性后向散射信号(P_S)的功率与距离(r)之间的关系，即：

$$P_{S,\nu_0}(r)=P_0\xi_{\nu_0}\frac{c\Delta t}{2}\frac{A_{tel}}{r^2}O(r)\{\beta_{par,\nu_0}(r)+\beta_{mol,\nu_0}(r)\}\Gamma^2_{\nu_0}(r)+P_{B,\nu_0} \tag{8.14}$$

其中：

$$\Gamma^2_{\nu_0}(r)=\exp\left\{-2\int_0^r[\alpha_{par,\nu_0}(r')+\alpha_{mol,\nu_0}(r')+\alpha_{G,\nu_0}(r')]\mathrm{d}r'\right\} \tag{8.15}$$

其中：ν_0为激光的频率或波数，ξ 为接收器—发射器光学器件和监测器系统的相应组合效率，P_0为发射器峰值功率(可由激光脉冲能量(E_l)推演得到，即脉冲周期为 Δt，则有$E_1=P_0\Delta t$)，A_{tel}为望远镜视场面积，O为激光发射光束与望远镜视场的重叠函数，Γ为包含了分子和粒子消光的大气传输，β_{par}与β_{mol}为粒子与分子的后向散射系数，α_{par}与α_{mol}为粒子与分子的消光系数，α_G为痕量气体的吸收系数，P_B为大气辐射和探测器暗电流产生的背景信号功率。

由于关注的是云外的测量，因此多重散射可以忽略不计。后向散射功率可以通过激光发射器的平均功率和接收器的尺寸来设置。对于最优的信噪比而言，使用后向散射信号的直接监测将使测量效果强烈依赖于距离。这使得信号具有非常高的动态范围，并且需通过截断重叠函数来限制近距离测量问题。如果检测到单个光子，则由于数字化误差或泊松统计，远距离也会受到信号动态范围的影响。为了优化从地表到对流层低层的信号覆盖范围，需要对接收器进行复杂的设计，通常可使用两台望远镜或两个具有不同灵敏度的通道进行扫描。

对于拉曼激光雷达而言，需要考虑分子的拉曼散射过程，其信号的功率则为：

$$P_{\mathrm{Ram},\nu_{\mathrm{Ram}}}(r)=P_0\xi_{\nu_0,\nu_{\mathrm{Ram}}}\frac{c\Delta t}{2}\frac{A_{\mathrm{tel}}}{r^2}O(r)\beta_{\mathrm{Ram},\nu_0}(r)\Gamma^2_{\mathrm{Ram},\nu_0,\nu_{\mathrm{Ram}}}(r)+P_{\mathrm{B},\nu_{\mathrm{Ram}}} \tag{8.16}$$

其中：

$$\Gamma^2_{\mathrm{Ram},\nu_0,\nu_{\mathrm{Ram}}}(r)=\exp\left\{-2\int_0^r\left[\alpha_{\mathrm{par},\nu_0}(r')+\alpha_{\mathrm{par},\nu_{\mathrm{Ram}}}(r')+\alpha_{\mathrm{mol},\nu_0}(r')+\alpha_{\mathrm{mol},\nu_{\mathrm{Ram}}}(r')\right]\mathrm{d}r'\right\} \tag{8.17}$$

且有：

$$\nu_{\mathrm{Ram}}=\nu_0+\Delta_{\nu_{\mathrm{Ram}}} \tag{8.18}$$

其中，ν_{Ram}为拉曼散射的频率或波数，$\Delta_{\nu_{Ram}}$为与气体分子相关的特征拉曼相移。通过选择频率可以忽略微量气体的吸收问题。

拉曼后向散射系数(β_{Ram,ν_0})是相关分子的数密度与后向(由指数π表示)单位立体角差分拉曼散射截面($\frac{d\sigma_{Ram,\nu_0}}{d\Omega}$)的乘积，即：

$$\beta_{\mathrm{Ram},\nu_0}(r)=N_{\mathrm{mol}}(r)\left(\frac{\mathrm{d}\sigma_{\mathrm{Ram},\nu_0}}{\mathrm{d}\Omega}\right)\pi \tag{8.19}$$

若选取具有已知的体积混合比的分子(如氮气(N_2)或氧气(O_2))，则信号可能与散射截面对大气温度的依赖性有关，这会产生温度旋转拉曼激光效应。若选取具有未知混合比(如水汽)的分子，散射截面的温度依赖性较低，信号与水汽分子数密度则成正比。

④ 水汽拉曼激光雷达

拉曼激光雷达技术可确定水汽混合比，其可以从用于归一化和消除对未知量的交叉灵敏度的水汽分子与拉曼信号的比率中获取，即：

$$m(r)=K_{WV}\frac{P_{Ram,\nu_{Ram,WV}}(r)-P_{B,\nu_{Ram,WV}}(r)}{P_{Ram,\nu_{Ram,N_2}}(r)-P_{B,\nu_{Ram,N_2}}(r)}\Delta\Gamma_{\nu_{Ram,WV},\nu_{Ram,N_2}}(r) \tag{8.20}$$

其中：K_{WV}为激光雷达系统的标定系数，$\Delta\Gamma_{\nu_{Ram},WV,\nu_{Ram,N_2}}(r)$为差分传输项(需考虑两个频率($\nu_{Ram,WV}$及$\nu_{Ram,N_2}$)下的差分传输)。

该方程可估算水汽拉曼激光雷达测量时产生的系统与噪声误差。对于误差而言，其可由标定系数K_{WV}及差分传播项$\Delta\Gamma_{\nu_{Ram,WV},\nu_{Ram,N_2}}$引入。混合比相对的系统误差与$K_{WV}$和$\Delta\Gamma_{\nu_{Ram,WV},\nu_{Ram,N_2}}$的相对误差成正比，其中，后者的误差主要是由不同强度的瑞利散射与粒子消光的波长依赖性造成的。

水汽拉曼激光雷达在白天的观测性能可以通过选定的水汽与氮气的窄带干涉滤波拉曼信号得以改进。这些带通滤波器对接收到的后向散射信号具有高通过性，但对其他谱区的辐射则具有高抑制性。使用窄带干涉滤波器，可对水汽和氮气的拉曼散射温度依赖性进行分析。可以通过温度激光雷达测量或来自不同传感器的并置独立温度测量确定的高度相关校正项，来消除这种系统效应，并使校正后的残差不超过 0.5%(Whiteman,2003)。

⑤ 温度旋转拉曼激光雷达

在对流层测量中使用的雷达主要有：差分吸收激光雷达、高光谱分辨率激光雷达、温度旋转拉曼激光雷达。

差分吸收激光雷达是基于分子吸收的温度依赖性进行测量的。高光谱分辨率激光雷达采用 Cabannes 线(卡巴内斯线)性温度相关进行温度测量。温度旋转拉曼激光雷达是目前对流层监测中最为精确的雷达。

激光雷达可以通过多种光谱原理获得与温度相关的信号。由于温度信息是由分子后向散射信号携带的(而不是粒子的后向散射信号)，因此可以据此在需要温度测量的高度上将粒子的干扰进行分类。只有当大气颗粒物含量可忽略不计，并且信号仅由分子发出时，如在无气溶胶和无云的平流层中，才能使用弹性后向散射信号，其中，基于弹性后向散射信号的集成技术可给出温度廓线。由于分子后向散射信号强度与分子数密度成正比，若气压已知，激光雷达信号强度则与某一高度的温度相关。假设大气处于静力平衡，并在较高的起始高度初始化算法，则激光雷达剖面也可用于逐步推导较低高度的温度。

即使在无云的对流层，粒子浓度通常也因为太大而不能应用拉曼集成技术，该技术在平流层水汽与火山灰存在明显消光的条件下也不能应用于平流层。当存在 Na、K、Ca、Fe 原子时，可通过共振荧光效应进行中层顶区域的温度测量，该方法也可用于对流层的观测(Abo,2005)。

对于温度旋转拉曼激光雷达监测大气温度，有：

$$Q(T,r)=\frac{P_{RR2}(T,r)-P_{B,RR2}}{P_{RR1}(T,r)-P_{B,RR1}} \tag{8.21}$$

其中：P_{RR1} 与 P_{RR2} 分别为针对背景信号 $P_{B,RR1}$ 与 $P_{B,RR2}$ 校正的具有相反温度依赖性的两个纯旋转拉曼信号。

通过取比值 Q，则在很大程度上将不用考虑激光雷达方程与高度相关的因子、未知系统参数和其他大气变量。比率(Q)的温度依赖性可由式(8.22)给出：

$$Q(T,r) = K_T \frac{\sum_{n=O_2,N_2} \sum_i \Gamma_{\nu_{RR,i,n}}(r) \left(\frac{d\,\sigma_{RR,J_i,n}}{d\Omega} \right)_\pi [T(r)]}{\sum_{n=O_2,N_2} \sum_k \Gamma_{\nu_{RR,k,n}}(r) \left(\frac{d\,\sigma_{RR,J_k,n}}{d\Omega} \right)_\pi [T(r)]} \tag{8.22}$$

其中：$\Gamma_{\nu_{RR,i,n}}$ ($\Gamma_{\nu_{RR,k,n}}$)为激光雷达接收器以与旋转拉曼线数(J_i(J_k))和分子类型(n)相关的频率($\nu_{RR,i,n}$($\nu_{RR,k,n}$))的传输，K_T 为系统标定系数。

高分辨率水汽与温度廓线的监测主要聚焦于研究辐射传输及水与能量循环、陆气相互作用及对流激发。

有效的观测需涵盖包含了白天对流边界层顶夹卷的地气相互作用过程，且观测需要足够准确，以便分析对流前的环境条件、对流激发及对流系统的热动力环境。而高时空分辨率热动力廓线观测资料的缺乏，将极大地限制这些领域的发展，其不仅会影响天气和气候研究，同时还会影响土壤、水文和农业科学等各种相关学科研究。

水汽与温度监测中最大的挑战在于对其 β 中尺度与 γ 中尺度的变化的解析，及其在数值模拟中的应用。目前，从临近预报到中短期预报的整个范围内，数值预报的模型分辨率已显著提高到了"灰区"。这就要求具备新的探测能力，从而获取从地面至对流层低层的高时空分辨率的可覆盖各型地理区域，且低至 γ 中尺度的水汽与温度场变化特征。

当前对于大气热动力特征的监测密度过于稀疏，而无法解决研究中所面临的这些挑战。大多数探测都是基于卫星的被动遥感，这些卫星的垂直分辨率和精度有限，尤其是靠近地面区域的分辨率和精度更低。主动遥感则主要是基于全球导航卫星系统的无线电掩星或地基网络系统的水汽场反演技术来实施的。尽管无线电掩星测量技术在对流层低层也能获取较高的垂直分辨率，但是水平分辨率却较低。

使用地基网络或倾斜总延迟方法同化的全球导航卫星系统层析扫描在恢复三维水汽场方面具有较好的潜力。

地基被动和主动遥感系统的工作波段主要是可见光、红外及微波谱段，其可以有效探测对流层低层的热动力廓线，然而，目前所能获取的资料仍然较为有限。被动遥感系统的红外光谱仪与微波辐射计，以及主动遥感系统的水汽拉曼激光雷达、水汽差分吸收激光雷达与温度旋转拉曼激光雷达，都是监测对流层热动力廓线的重要装备。被动与主动遥感系统通过各自设定的扫描方式，可以对地面以上的对流层进行监测。

红外光谱仪可以准确地监测云底以下或晴天 4 km 以下范围内大气热动力特征。微波辐射计则可以监测 4 km 以下无降水云的大气。激光雷达系统能够以较高的准确率和时空分辨率探测对流发生前和对流系统周围的热动力环境。这些现有的技术对于提高对流层低层热动力廓线监测的分辨率是有益的。

目前，对流层热动力廓线地基监测系统仍需在监测、验证与标定，以及包括同化的资料处理等在内的各方面进行改进。这些监测需要在不同的气候区实施，而监测误差需要进行充分分析，水汽监测的系统误差应控制在 2%～5%、温度的则应控制在 0.5 K 以内，需重点监测大气边界层及其以上 3～4 km 高度范围内的大气热动力特征，不仅需要了解大气热动力特征的平均状态，而且还需了解其梯度变化，尤其是需要了解大气边界层厚度、逆温层，以及相对湿度或对流抑制能分布等特征，主被动的遥感监测方法在时空分辨率、准确率与空间覆盖范围上基本是可以达成以上监测需求的。

对于全球定位系统而言，无线电掩星和地基层析扫描是监测对流层低层水汽廓线的主要方法，前者可监测反演低至 1 km 的水汽廓线，但反演中还需要有温压等再分析资料信息。除了在强折射率梯度区域，全球定位系统的反演质量还是可以接受的。其垂直分辨率较高(可以达到 100 m)，但水平分辨率则较低(约为 100 km)。地基全球导航卫星系统地面接收站网络应用倾斜总延迟的优势是通过层析成像技术完成水汽廓线的反演。

利用激光雷达技术反演水汽与温度产生的误差较小。尽管温度旋转拉曼激光雷达与水汽拉曼激光雷达需要标定，但是其系统设计较为完善，其观测的可靠性较高。而水汽差分吸收激光雷达则不需要标定，因此，也可作为参照的监测系统。

在近地面处，主被动遥感系统的垂直分辨率都较高。被动遥感系统在大气边界层顶处会变差，主动遥感系统的垂直和时间分辨率从大气边界层至对流层则都较高。

未来，需要大力优化旋转拉曼激光雷达、水汽拉曼激光雷达和水汽差分吸收激光雷达校准的无源和有源遥感系统组成的协同监测网络。尽管红外光谱仪和微波辐射计都已用于常规业务监测，但是激光雷达系统则需要进一步优化才能投入业务运行。

8.4　目标观测

为了更好地对各类极端天气系统进行充分的预警预报，目标观测则尤为重要，其旨在回答应该在何时何地部署和获取天气系统的观测数据。在进行极端天气事件预报时，若初始条件没有受到观测数据的适当约束，特定事件的预报误差可能会增长，有时甚至会迅速增长。减少快速增长的预报误差离不开确定预报误差的区域。可以通过目标观测与同化观测结果，以减少这些重要区域的分析误差。

目标观测是“自适应采样”领域在天气预报中的重要应用场景。在天气预报中，自适应观测是指根据要研究或预测的某种现象，可以随意部署的任何补充观测。

最早的以天气预报为重点的自适应观测，可能是20世纪50年代在热带气旋发生前在美国和邻近地区实施的探空。虽然这些探空是自适应部署的，但没有针对特定区域的观测技术。后来，1982—1996年，美国基于天气学推理，以热的气旋周围地区为目标，进行了基于飞机风廓线观测(Burpee et al.,1996)。

首次大规模目标观测是在副热带地区锋面和大西洋风暴追踪试验中实施的(Joly et al.,1999)，其目标是改进北大西洋锋面气旋的预报水平，试验中引进了新的算法，以识别目标区域，并通过同化观测资料提高了选定区域的预报能力。

目标观测应考虑：未来验证时间(t_v)时高影响事件的预测不确定性，目标分析时间(t_a)之前要同化的所有观测、数据同化方案、目标观测的类型和准确性，以及目标分析时间(t_a)时同化目标观测对未来验证时间(t_v)时特定指标未来预测的预计影响。

选择目标观测值的程序复杂，需在时间t_i确定未来验证时间(t_v)对社会具有重要影响的潜在高影响天气事件。目标是在未来的分析时间(t_a)进行观测的，以改善验证区域内t_a和t_v之间的预报水平。使用基于时间t_i的初始化模式产品，然后在决策时间(t_d)发布是否以及在哪里部署目标观测的决定。通常需要在t_a前一天决定。然后在时间t_a将下风向的观测作为敏感区域开展目标观测，其中t_v-t_a也称为预报窗口(图8.2)。试验结束后，在时间t_v的验证区域内评估在时间t_a同化目标观测值的影响。

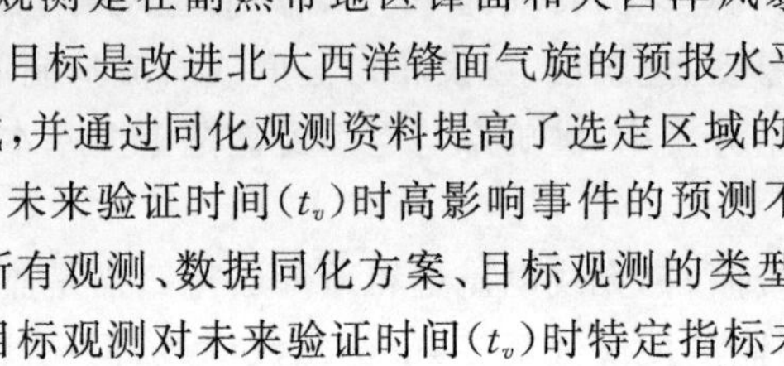

t_i t_d t_a —优化→ t_v

(1) t_i时选定目标区
(2) 利用模式于t_i时进行初始化
(3) 于t_d时作出就定
(4) 于t_a时部署目标观测
(5) 在t_v之后通过有或无目标观测资料评估预报结果

图8.2 目标观测流程图(Majumdar,2016)

迄今为止，所有目标观测都采用伴随方法或集合预测技术。一些是基于响应函数或预测指标对观测或分析变化的直接敏感性，另一些则对同化目标观测的效果进行定量预测。目前，较常见的方法主要如下。

(1)综合推理(Burpee et al.,1996)。目标区域是根据人类的理解和经验主观选择的，其可避免客观技术中的理论缺陷，但可能会错过目标(如：最初误差较小但增长迅速的区域)。

(2)集合方差(Aberson,2003)。预测分析时间t_a的高分析误差方差区域，即：观测针对可能存在较大分析误差的区域。使用的典型变量包括水平风和温度。

(3)伴随敏感度(Doyle et al. ,2014)。使用伴随模型预测t_v时预测对t_a时任何变量变化的响应。

(4)准逆线性方法(Pu et al. ,1997)。使用准逆线性算子来识别时间t_v的预测差异在时间t_a的起源区域。

(5)奇异向量(Gelaro et al. ,2002)。识别从时间t_a到时间t_v的选定验证区域最佳增长的扰动结构。

(6)集成变换技术(Bishop et al. ,1999)。基于时间t_a分析误差方差的变化,通过集合预报来估计时间t_v的预测误差方差的变化。

(7)集成变换卡尔曼滤波(Majumdar et al. ,2002)。基于集合的数据同化方法定量预报t_a同化一组给定观测值对t_v时预报误差方差的影响。

(8)观测值的预测敏感性分析(Langland et al. ,2004)。通过数据同化系统的伴随来分析预报对观测的敏感性。

(9)伴随模式获取的灵敏度转向矢量分析(Wu et al. ,2007)。通过伴随模型预报t_v时热带气旋转向气流对t_a时变量的响应。

(10)集成灵敏度分析(Torn et al. ,2008)。通过基于集合的数据同化方案定量估计t_v预测响应函数对t_a分析变化或观测的敏感性。

对于目标观测的评估而言,首先需运行一个“控制”的同化—预测循环(所有操作同化的观测值)。其次则需运行一个与前者“平行”的循环(只同化所讨论的数据集)。最后根据两个循环内同时有效的预报之间的差异确定“数据影响”,从而根据验证区域内的观测或验证分析对目标观测进行评估。

参考文献

ABERSON S D,2003. Targeted observations to improve operational tropical cyclone track forecast guidance[J]. Mon Wea Rev,131:1613-1628.

ABO M,2005. Resonance Scattering Lidar[M]//Lidar:Range-Resolved Optical Remote Sensing of the Atmosphere. New York:Springer.

ANTHES R A, 2011. Exploring Earth' s atmosphere with radio occultation: Contributions to weather,climate,and space weather[J]. Atmos Meas Tech,4:1077-1103.

ASKNE J H,WESTWATER E R,1986. A review of ground based remote sensing of temperature and moisture by passive microwave radiometers[J]. lEEE Trans Geosci Remote Sensing, 24(3):340-352.

BISHOP C H,TOTH Z,1999. Ensemble transformation and adaptive observations[J]. J Atmos

Sci,56:1748-1765.

BURPEE R W,FRANKLIN J L,LORD S J,et al,1996. The impact of Omega drop wind sondes on operational hurricane track forecast models[J]. Bull Amer Meteor Soc,77:925-933.

CAPELLE V, CHÉDIN A, PÉQUIGNOT E, et al, 2012. Infrared continental surface emissivity spectra and skin temperature retrieved from IASI observations over the tropics[J]. J Appl Meteorol Climatol,51:1164-1179.

CREVOISIER C,CLERBAUX C,GUIDARD V,et al,2014. Towards IASI-New Generation(IASI-NG):Impact of improved spectral resolution and radiometric noise on the retrieval of thermodynamic,chemistry and climate variables[J]. Atmos Meas Tech,7:4367-4385.

DI GIROLAMO P,BEHRENDT A,KIEMLE C,et al,2008. Simulation of satellite water vapour lidar measurements:Performance assessment under real atmospheric conditions[J]. Remote Sens Environ,112:1552-1568.

DOYLE J D,AMERAULT C,REYNOLDS C A,et al,2014. Initial condition sensitivity and predictability of a severe extratropical cyclone using a moist adjoint[J]. Mon Wea Rev,142:320-342.

GELARO R,ROSMOND T,DALEY R,2002. Singular vector calculations with an analysis error variance metric[J]. Quart J Roy Meteor Soc,128:205-228.

HOFFMANN-WELLENHOF B,LICHTENEGGER H,COLLINS J,1997. Global Positioning System:Theory and Practice[M]. 4th ed. Wien:Springer Verlag:389.

HOHENEGGER C,BROCKHAUS P,BRETHERTON C S,et al,2009. The soil moisture-precipitation feedback in simulations with explicit and parameterized convection[J]. J Clim,22:5003-5020.

JOLY A,JORGENSEN D,SHAPIRO M A,et al,1999. Overview of the field phase of the Fronts and Atlantic Storm-Track EXperiment (FASTEX) project[J]. Quart J Roy Meteor Soc,125:3131-3163.

LANGLAND R H,BAKER N L,2004. Estimation of observation impact using the NRL atmospheric variational data assimilation adjoint system[J]. Tellus,56A:189-201.

MAJUMDAR S J,2016. A review of targeted observations[J]. Bull Amer Meteor Soc,97:2287-2303.

MAJUMDAR S J,BISHOP C H,ETHERTON B J,et al,2002. Adaptive sampling with the ensemble transform Kalman filter. Part II:Field program implementation[J]. Mon Wea Rev,130:1356-1369.

PU Z,KALNAY E,SELA J,et al,1997. Sensitivity of forecast error to initial conditions with a quasi-inverse linear method[J]. Mon Wea Rev,125:2479-2503.

ROBERTS R D,FABRY F,KENNEDY P C,et al,2008. Refractt 2006[J]. Bull Amer Meteorol Soc,89:1535-1548.

ROSEN R D,1999. The Global Energy Cycle[M]//Global Energy and Water Cycles. Cambridge:Cambridge University Press.

STANKOV B B,GOSSARD E E,WEBER B J,et al,2003. Humidity gradient profiles from wind profiling radars using the NOAA/ETL advanced signal processing system (SPS)[J]. J Atmos Oceanic Technol,20:3-22.

TORN R D, HAKIM G J, 2008. Ensemble-based sensitivity analysis[J]. Mon Wea Rev, 136: 663-677.

TRENBERTH K E,SMITH L,QIAN T,et al,2007. Estimates of the global water budget and its annual cycle using observational and model data[J]. J Hydrometeor,8:758-769.

TURNER D D,LÖHNERT U,2014. Information content and uncertainties in thermodynamic profiles and liquid cloud properties retrieved from the ground-based Atmospheric Emitted Radiance Interferometer (AERI)[J]. J Appl Meteorol Climatol,53:752-771.

TSUDA T,MIYAMOTO M,FURUMOTO J,2001. Estimation of a humidity profile using turbulence echo characteristics[J]. J Atmos Oceanic Technol,18:1214-1222.

WANG K,DICKINSON R E,2012. A review of global terrestrial evapotranspiration:Observation, modeling,climatology,and climatic variability[J]. Rev Geophys,50:1-15.

WHITEMAN D N,2003. Examination of the traditional Raman lidar technique:I. Evaluating the temperature-dependent lidar equations[J]. Appl Opt,42:2571-2592.

WU C C,CHEN J H,LIN P H,et al,2007. Targeted observations of tropical cyclone movement based on the adjoint-derived sensitivity steering vector[J]. J Atmos Sci,64:2611-2626.

WULFMEYER V,BAUER H,DI GIROLAMO P,et al,2005. Comparison of active and passive remote sensing from space:An analysis based on the simulated performance of IASI and space-borne differential absorption lidar[J]. Remote Sens Environ,95:211-230.

WULFMEYER V,HARDESTY R M,TURNER D D,et al,2015. A review of the remote sensing of lower tropospheric thermodynamic profiles and its indispensable role for the understanding and the simulation of water and energy cycles[J]. Rev Geophys,53:819-895.